톡 쏘는 방정식

지노 사이다 수학 시리즈 1

톡 쏘는 방정식

수냐 지음

삶이 풀리는 수학 공부

들어가는 글

새롭게 다시 한 번 방정식을 보자!

이 책의 소재는 '방정식'입니다. 그렇다고 주제가 '방정식을 잘 푸는 법'은 아닙니다. 하지만 방정식을 다루는 데 도움이 많이 될 것입니다. 방정식을 '왜' 그리고 '어떻게' 공부해야 하는지를 주로 다루기 때문입니다. 그래도 이 책의 최종적 주제는 '생각하고 선택하는 방법'입니다.

방정식은 문제를 풀어내기 위한 수단이었습니다. 그래서 우리는 주로 방정식을 푸는 요령을 배우고 익혔습니다. 골머리 꽤나 앓았죠. 그러다 보니 문득문득 들었던 그 외의 궁금증을 제대로 다루지 못했습니다. 왜 방정식이라고 하는지, 방정식을 왜 배우는지, 꼭 그렇게 해야만 하는지…….

속 편해 보이는 궁금증이지만 결국 방정식을 잘 다룰 수 있는 힘이 됩니다. 그런 궁금증을 따라가다 보면 방정식을 왜 그렇게 세우고 푸는지가 이해되기 때문이죠. 그래서 방정식이 딛고 서 있는 생각들, 방정식을 둘러싼 생각들에 초점을 맞춰 접근했습니다.

인류는 이제껏 중요한 문제를 방정식을 통해 해결해왔습니다. 수학이나 과학이 특히 그랬습니다. 방정식의 방식으로 생각해왔던 것입니다. 아인슈타인이 그런 방식의 대표선수입니다. 우리의 사고 대부분은 그 방식을 토대로 하고 있습니다. 그런데 최근에 방정식을 생각이나 아이디어라는 관점에서 바라보게 하는 사건들이 발생하고 있습니다. 바로 인공지능입니다. 인공지능은 방정식을 생각하는 방식을 다시 보게 하고 있습니다.

인공지능 역시 문제를 풀기 위한 수단입니다. 하지만 (머신러닝을 기반으로 한 지금의) 인공지능은 방정식과 다른 방식으로 문제를 해결합니다. 이렇듯 비교의 대상이 생기는 바람에 우리는 비로소 방정식을 조금 낯설게 볼 수 있게 되었습니다. 타자를 보고서야 자신을 돌아보게 된 것과 같은 이치입니다.

방정식은 어떤 사고로 문제를 해결하는 방법일까요? 이 질문에 대한 답을 찾기 위해서는 방정식을 제대로 알아야만 합니다. 그래서 먼저 방정식을 알차게 공부해보려 합니다. 그리고 인공지능과 간단히 비교해보겠습니다. 그런 다음 생각하고 선택하는 방법에 대한 단상으로 마무리를 짓겠습니다.

방정식을 공부하면서도 방정식을 왜 배워야 하는지 답답해하는, 흔치 않은 분들을 생각하면서 이 책을 썼습니다. 내심으로는 선택의 문제를 고민하는 분들에게도 도움이 되길 바라봅니다. 저 역시 이 책을 통해 생각과 선택의 문제를 더 깊게 들여다볼 수 있었습니다. 이 책을 출판할 수 있도록 처음부터 끝까지 도움 주신 지노출판에 깊은 감사를 전합니다.

2020년 7월

수냐 김용관

차례

3부) 방정식을 어떻게 다룰까?

4부) 방정식, 어디에 써먹나?

5부) 인공지능 시대의 방정식

특별한 순간을

특별한 사건을

특별한 존재를

꿈꾼다면,

주사위를 다시 던지거나!

방정식을 세우거나!

1부

방정식을 왜 배울까?

01

일상을 수놓은 방정식들

'방정식, 이딴 걸 왜 배우지? x=3이라는데 이게 무슨 뜻이야?'
방정식을 갓 배우기 시작할 무렵, 들었던 의문이다. 뭘 하는 건지, 왜 해야 하는지? 도대체 알 수 없었다. 그 의미를 포착해내기가 힘들었다. x, y 같은 문제들에서 느낀 소외감은 지금도 생생하다. 그 문자들은 모양도, 색깔도, 맛도 없었다. 무.미.건.조.했다. 선생님은 그저 앞장섰고, 나는 그저 뒤따랐다. 양자역학 시간도 아닌데 입 닥치고 계산이나 해야 했다. Shut up and Calculate!
방정식은 중학수학이 시작될 즈음 등장한다. 문자라는 까탈스러운 적수와 함께 쌍을 이뤄서 말이다. 둘이 한꺼번에 등장하는 바람에 대략난감해진다. 영문도 모른 채 문자를 이리저리 옮기며 계산을 해댄다. 틀리기 일쑤다. 안타깝게도 많은 학생들이 탈락한다. 이 고비를 가까스로 넘은 학생들 대부분도 대가를 치른다. 수학에서 의미와 재미라는 걸 포기한다. 방정식, 참 '방정맞은식'이다.
그런데 우리네 문명은 방정식 없이 세워질 수 없었다. 방정식만큼 많이 활용되는 수학이 또 있을까 싶다. 우주선이나 컴퓨터, 인공지능 같은 최첨단의 발명품만이 아니다. 다양한 크기의 책, 째깍째깍 돌아가는 시계, 재미와 감동을 전해주는 스토리, 일정에 따라 착착 진행되는 축제, 적당히 바삭바삭한 빵 등 생활 곳곳에 방정식이 스며들어 있다. 증거들은 차고 넘친다.

블랙홀, 방정식이 먼저 예측했다

블랙홀은 방정식이 선사한 대표적인 선물이다. 블랙홀은 방정식을 통해 먼저 예측되었다. 1915년 아인슈타인은 일반상대성이론을 발표했다. 그 이론을 대표하는 방정식이 하나 있다. '아인슈타인의 장 방정식'이라고 한다. 이 방정식이 제시된 지 얼마 지나지 않아 어느 과학자가 이 방정식을 풀어 해를 구했다. 그 해는 장 방정식을 구성하는 항 하나의 값이 무한이 되는 특이점을 가졌다. 이로부터 블랙홀이 예견되었다.

블랙홀, 보이지는 않지만 과학은 그 존재를 거의 확신했다. 그러다가 2016년에는 블랙홀의 결합으로부터 나오는 중력파를 관측했다. 2019년에는 전 세계의 과학자들이 협력하여 역사상 최초로 블랙홀의 사진을 공개하기에 이르렀다. 보이지 않는다던 블랙홀이 모습을 드러냈다. 이제 과학은 방정식으로 표현되며, 방정식을 통해 발전해간다.

아인슈타인,
방정식 찾아 삼만리!

아인슈타인은 방정식 하면 빠지지 않는 인물이다. 아인슈타인의 행적은 세 개의 방정식으로 상징된다. 맨 처음 방정식은 $E=mc^2$이다. 1905년에 발표한 특수상대성이론을 통해 등장했다. 이 방정식은 물질(m)과 에너지(E)가 결국 같은 것임을 보여준다. 두 번째 방정식은 일반상대성이론을 상징하는 아인슈타인 장 방정식이다. 공간이 물질에 의해 변형되고, 그 변형에 의해 중력이 발생한다고 말한다.

마지막 방정식은 미지의 방정식 X다. 아인슈타인이 가장 발견하고 싶어 했다. 서로 다른 방정식으로 기술되어 있던 중력과 전자기력을 하나로 묶어주는 통일장 이론의 방정식! 반지의 제왕에서 등장했던 절대반지와 같다. 이 세상의 모든 비밀을 간직한 방정식, 이 세상의 모든 힘을 다스릴 수 있는 방정식. 지금의 과학자들 역시 그 방정식을, 그 절대반지를 소유하고 싶어 한다.

$E=MC^2$

1985년 빅 오디오 다이너마이트(Big Audio Dynamite)에 의해

발표된 노래다.

영국과 미국의 음악차트 상위권에 오른 바 있다.

$E=mc^2$, 가장 대중적으로 잘 알려진 방정식이다.

이 방정식 이후 원자폭탄도, 원자력발전소도,

원자력발전에 대한 찬반논쟁도 뒤따랐다.

방정식은

우리 생활의 밑바닥에, 사이사이에 깊숙이 들어와 있다.

금융시장을 주도한 방정식

전 세계의 금융시장에서 영향력을 행사한 블랙-숄즈 방정식도 있다. 피셔 블랙과 마이런 숄즈가 1973년에 발표했다. 금융시장에서 파생상품의 옵션 가격을 결정하는 데 사용된다고 한다. 방정식에서 요구되는 값들을 집어넣어 풀어내면 옵션의 적절한 가격을 얻게 된다. 두 사람은 나중에 노벨상까지 받았다. 직접 기업체를 만들어 금융시장에 뛰어들기도 했다. 이러한 방정식으로 인해 수리금융공학이라는 분야가 형성되고, 퀀트로 불리는 금융시장 분석가들이 등장했다.

퀀트들은 대부분 수학이나 물리학 전공자였다. 그들은 각종 방정식을 이용해 시장을 분석하고 업무를 처리해갔다. 그만큼 금융시장은 안정적이고 훌륭한 투자처로 인식되었다. 그러나 결과가 꼭 좋지만은 않았다. 완벽하게 제어할 수 있을 것처럼 보였던 시장에 위기가 찾아왔다. 2007년의 미국 금융사태도 수리금융공학과 관련되어 있다. 2009년 미국의 잡지 《와이어드》는 "방정식이 월가를 죽인다"라는 기사를 통해 이런 현실을 비판했다.•

• 다나 매켄지 지음, 『세상을 바꾼 방정식 이야기』, 사람의무늬, 2014, 205쪽 참고.

문화 콘텐츠를 만들어내는 방정식

방정식은 이제 문화 콘텐츠를 만들어내는 데에도 요긴하게 활용된다. 방정식은 수식이지만, 좌표를 결합시키면 도형과 그래프가 된다. 식에 따라 그 모양이 달라진다. 요즘에는 컴퓨터를 통해 방정식을 그래프로 정교하게 표현해낸다. 원이나 직선 같은 단순한 모양은 물론이고 굉장히 독특하고 기이한 모양까지 만들어낸다. 그런 모양을 수학적으로 활용하는 게 프랙털 기하학이

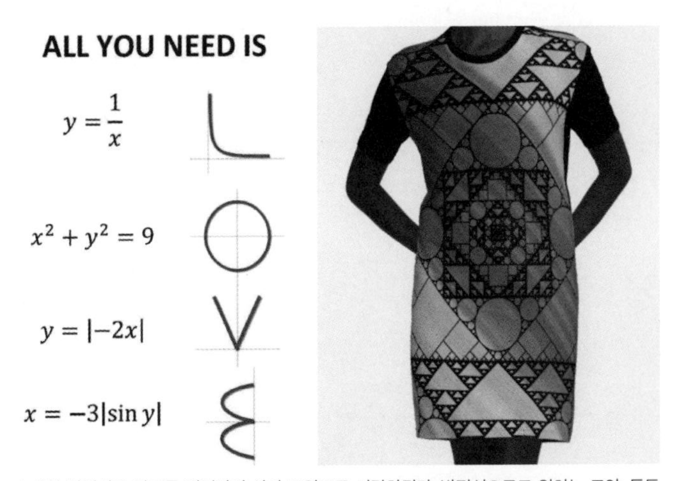

수식인 방정식은 좌표를 징검다리 삼아 모양으로 시각화된다. 방정식으로도 원하는 모양, 독특한 문양을 표현해낼 수 있다. 방정식은 LOVE요, 독특한 패턴이 반복되는 프랙털 문양이다.

나는 패턴의 학생이다. 내심은 물리학자다.

나는 단 하나의 방정식을 찾아내고자

모든 것을 주의 깊게 들여다본다.

그 방정식은 모든 것에 관한 이론이다.

I'm a student of patterns. At heart, I'm a physicist.

I look at everything in my life as trying to find the single equation,

the theory of everything.

—

배우이자 가수, 윌 스미스(Will Smith, 1968~)

헤이다르 알리예프 문화센터(Heydar Aliyev Center, 2012)
아제르바이잔 소재, 자하 하디드의 건축물

다. 그런 모양은 옷의 디자인에 등장하기도 한다.

자하 하디드(Zaha Hadid, 1950~2016)는 이라크 출신의 영국 건축가다. 그녀는 독특한 모양의 건축물로 유명하다. 맵시 있고 세련되게 흘러가는 디자인 때문에 곡선의 여왕이라고도 불린다. 건축을 하기 전에 수학을 전공했던 그녀는 기하학적 곡선을 종종 활용했다. 그런 곡선은 방정식을 통해 재현된다. 건축계에서는 BIM(Building Information Modeling) 같은 소프트웨어를 활용한다. 방정식으로 디자인을 표현하고, 그 방정식을 조정하면서 적절한 디자인을 창안하도록 돕는다.

영화의 컴퓨터 그래픽에서도 방정식의 활약은 눈부시다. 특히 물이나 파도, 불처럼 흘러 다니는 물체의 움직임을 실제처럼 표현해내는 데 필수적이다. 이때 주로 사용되는 게 나비에-스토크스 방정식이다. 이 방정식은 점성을 가진 유체의 운동을 표현한다. 영화 〈캐리비안의 해적〉의 거친 파도가 배를 덮치는 장면에서 이 방정식을 활용하기 시작했다고 한다. 이후 〈모아나〉의 바다, 〈겨울왕국〉의 눈도 방정식을 통해 실제처럼 표현했다.

일상적인 말로도 사용되는 방정식

방정식은 일상적인 말이나 대화에서도 유용하게 쓰인다. 명언이나 짧은 글귀에서도 방정식이란 말을 종종 찾아볼 수 있다. 방정식이라는 말에 고유한 의미가 있기 때문이다. 그 의미는 다른 말로 대신하기 어렵다. 여러 개의 말이나 문장으로나 표현될 법한 의미를 방정식이라는 하나의 말로 대신해버린다.

신문이나 기사의 제목에서 방정식이라는 말을 발견하는 건 아주 쉽다. "'웹툰 드라마' 방정식, 싱크로율 높을수록 통한다"• "첫 단추부터 어긋난 북미 협상… '새로운 계산법 방정식' 복잡해져"•• "'쉽고·재밌게·소통하라'… 새로운 주식투자 방정식"••• 기사의 제목에 쓰일 정도면 그만큼 상식적이라는 말 아니겠는가! 이 제목들을 보면 방정식이라는 말의 의미를 대충 짐작할 수 있다. 방법이나 비법 정도의 의미다.

• 《국민일보》, 2019년 8월 2일자 기사.
•• 《파이낸셜뉴스》, 2019년 10월 7일자 기사.
••• 《아주경제》, 2019년 9월 30일자 기사.

02

방정식의 비결은 아이디어다

방정식은 다방면에서 다양한 모습으로 사용되고 있다. 특정한 영역에서만 사용되는 자잘한 기술이 아니다. 뭔가 특별한 게 담겨 있다. 다양한 영역에서 사용되는 대상의 특징은 뭘까? 무엇이기에 이곳저곳에 한정되지 않고, 여기저기를 그리 쉽게 넘나들 수 있는 것일까? 간단하다. 아이디어라는 특징이 있다.

포토샵은 사진 이미지를 보정하는 기술이다. 영화나 동영상을 수정하는 기술을 포토샵이라고 하지는 않는다. 반면에 편집이라는 아이디어는 거의 모든 분야에서 사용된다. 이력서를 쓸 때도, 신문의 기사에서도, 이미지 보정에서도, 동영상 제작에서도 편집의 단계를 거친다. 포토샵은 편집이라는 아이디어의 한 사례다.

아이디어는 보이지 않는다. 그렇기에 어디든 존재할 수 있다. 하지만 아이디어에는 힘이 있다. 세상의 모든 정보를 제공하겠다는 아이디어는 구글이라는 세계적 기업을 탄생시켰다. 쉽고 편리하게 인터넷을 이용해보자는 아이디어는 와이파이 인공위성을 쏘아 올리게 한다. 봉이 김선달이 대동강 물을 판 것도 아이디어였다.

방정식, 아이디어다

방정식에도 아이디어가 담겨 있다. 그렇기에 두루두루 활용되는 것이다. 방정식이라는 발상 자체가 하나의 아이디어다. 방정식을 해결하는 과정에는 아이디어가 더 가득하다. 설령 방정식을 세우고 풀지는 못해도, 방정식의 기본 아이디어 정도는 알아둘 필요가 있다. 그래야 특별한 순간에, 특별한 의미를 담아, 방정식이라는 말을 예리하게 써먹을 수 있다.

그림 대작(代作)으로 논란이 됐던 화가 조영남의 그림이다. 코카콜라를 '꽃과콜라'로, 참 재치 있다. 그는 재미있는 예술이라는 아이디어를, 화투라는 소재로 표현했다. 재미있는 아이디어다. 그가 직접 그렸느냐 아니냐는 중요하지 않다. 개념미술에서는 아이디어를 중시한다. 실행은 형식적인 작업일 뿐이다. 누가 그렸는가는 부차적이다. 아이디어가 우선이다.

방정식으로부터의 소외

그토록 중요한 방정식이지만 방정식으로부터 소외되는 경우가 많다. 가장 먼저 찾아오는 소외는, 왜 배우는지를 전혀 모른다는 것이다. 방정식을 적용해볼 일이 없는 어린 시기에, 식을 세우고 풀어내는 것 위주로 배우다 보니 그렇다. 방정식을 풀면서도, 그 식이나 답이 무엇을 의미하는지 모른다. 그냥 그럴 뿐이다.

방정식을 풀려면 식을 이리저리 옮기고 계산을 해야 한다. 원리도 모른 채 하다 보면 실수를 하기 마련이다. 기나긴 과정을 거쳐서 풀었는데 도중에 계산 하나 잘못하면 오답이 되고 만다. 화가 나고 분통 터진다. 방정식, 꼴도 보기 싫어진다. "나는 수학의 방정식을 관람하려는 티켓을 절대로 구입하지는 않겠다"고 한 야구선수 게릿 콜(Gerrit Cole)의 말이 떠오른다.

방정식과의 어긋난 첫 만남은 방정식의 활용에서도 소외되는 결과로 이어진다. 막대한 손해이자 심각한 손실이다(물론 당사자들은 대부분 그렇게 생각하지 않는다). 방정식은 수학자나 과학자들만의 언어가 아니다. 누구나 일상의 평범한 순간에 활용할 수 있다. 그 효과를 톡톡히 맛보고, 자신만의 방정식도 남길 수 있누군가가 그러더군.

책에 방정식을 집어넣을 때마다

판매량이 반으로 줄어들 거라고 말이야.

Someone told me that each equation

I included in the book would halve the sales.

—

과학자, 스티븐 호킹(Stephen Hawking, 1942~2018)

다. 그런데도 방정식을 실제로 써먹는다는 건 상상불가다. 방정식이 보일라치면 빙 돌아가버린다. 방정식이 들어간 책은 아예 안 산다.

방정식이여 재미있어져라

무료한 삽질 같은 방정식, 재미있어질 수 있을까? 그렇다. 삽질하여 번 돈으로 사랑하는 연인과 우주여행을 떠난다고 생각해보라. 은밀하면서도 짜릿한 여행을! 삽질이지만 재미있지 않을까! 어서 빨리 끝내고 싶을 것이다. 뭐든 이야기가 더해지면 흥미롭고 재미있어진다. 평범한 돌멩이라도 구석기시대의 유물이라는 이야기가 더해지면 보물이 된다.

방정식도 '뭔가'를 해내기 위한 과정에서 만들어졌다. 방정식에도 이야기가 있었다. 그 이야기에는 사람도 있었고, 돈도 있었고, 사랑과 욕망도 있었을 것이다. 이제 방정식의 이야기, 방정식에 대한 이야기를 탐색해보자. 무료한 방정식에 변화가 일어날 것이다. 무미하고 무미건조한 방정식에서, 오색찬란한 무지개가 피어난다. 마술이 벌어진다. 이야기는 곧 마술의 주문이다. 아브라카다브라~

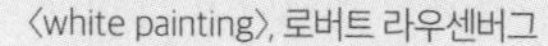

〈white painting〉, 로버트 라우센버그

〈4′ 33″〉, 존 케이지

텅 빈 그림, 텅 빈 악보. 무미건조하고 무의미한 것 같다.

여기에 이야기가 더해진다.

그 시각, 그 공간에서 시시각각 변하는 이미지와 소리를

담겠노라는 이야기.

그러자 무한한 의미와 색깔과 이미지가 펼쳐진다.

이야기의 마술이다.

—

2부

방정식이란 무엇인가?

03

등식이라면 (넓은 의미로) 방정식이다

방정식이란 무엇일까? 방정식의 형태와 내용, 겉과 속, 표현과 의미까지 샅샅이 살펴볼 것이다. 우선 겉모양새부터 자세히 살펴보자. 그런 다음 안으로 쑥 들어가보자.

방정식에 꼭 있는 것, 등호

방정식 하면 떠오르는 형태는 $x+2=5$, $x^2-2x-3=0$ 같은 꼴이다. $x+2y=3$ / $3x-2y=5$처럼 두 개의 식을 연립해서 풀어야 하는 방정식도 있다. $E=mc^2$이나 $f=ma$처럼 과학의 법칙을 나타내는 방정식도 있다. 그런데 $1+1=2$ 같은 식도 방정식에 포함된다.

모든 방정식을 자세히 살펴보라. 각 방정식에 어떤 공통점이 있는지 찾아보라. 이 방정식에는 있지만, 저 방정식에 없는 요소는 탈락이다. 1, 2, 3 같은 구체적인 수나 문자 x, y는 탈락이다. 방정식에 따라 있거나 없으니까. 그런데 공통적인 요소가 딱 하나 있다. 모든 방정식은 반드시 이것을 포함한다. 등호(=)다.

방정식은 기본적으로 등호가 포함되어 있는 등식이다. 방정식의 영어 equation이 그 사실을 말해준다. equation은 equal(같은)의 명사로, equation은 동일시라는 뜻이다. 수학에서는 등식 또는 방정식이 된다. $2x+3=5$라는 방정식은, $2x+3$을 5와 동일시한다.

방정식은 곧 등식이다

등식과 방정식의 관계는, 위키피디아에서 방정식(equation)을 설명하는 첫마디에서도 보인다. 방정식을, "두 식의 같음을 주장하는 진술"이라고 말한다(In mathematics, an equation is a statement that asserts the equality of two expressions). 넓은 의미에서 등식이면 방정식이라고 해도 무방하다. 그렇기에 $1+1=2$도, $E=mc^2$ 같은 법칙도 방정식이라 말한다. 방정식은 반드시 등식을 포함해야 한다. 방정식은 곧 등식이요, 등식은 곧 방정식이다.

등호가 포함된 식은 모두 방정식으로 볼 수 있다. 그렇기에 x, y 같은 문자가 없는 방정식도 얼마든지 가능하다. 미국의 작가이자 시인인 셔먼 알렉시(Sherman Joseph Alexie Jr., 1966~)는 시란 무엇인가에 대해 다음처럼 독특하게 표현했다.

$$시 = 분노 \times 상상력$$

(Poetry = Anger × Imagination)

알렉시는 여러 부족의 조상을 가진 원주민 미국인이었다. 그

기억이 80분만 지속되는 박사의 이야기를 다룬

영화 〈박사가 사랑한 수식〉.

수학으로 사람과의 관계를 맺어가는 박사의 삶이

의외로 재미있고 아름답게 펼쳐진다.

그가 사랑한 수식은 $e^{i\pi}+1=0$이다.

어? 등호가 보인다. 등식이니 곧 방정식이다.

그래서 영문 제목은 “The professor’s beloved equation”이다.

의 배경과 경험을 글로 표현해냈다. 그에게 시란 분노와 상상력의 산물인가 보다. 그의 표현이 전혀 방정식 같지 않은가? 그렇다면 시를 x, 분노를 y, 상상력을 z라고 치환해보라. x=yz. 그럴싸한 방정식이 된다. 등호가 있으니 이 또한 방정식이다.

등호를 알면,
방정식이 보인다

방정식은 곧 등식이기에, 방정식을 이해하려면 등호를 깊게 이해해야 한다. 방정식은 등호가 있어 시작되고, 등호가 있어 끝난다. 정말이다. 등호라는 엑스레이를 찍으면 방정식의 뼈대와 구조가 훤히 보인다.

그런데 어찌 보면 일상생활에서는 등호보다 부등호가 더 자주 사용된다. 나는 너와 '다르다'고 말하지, '같다'고 말하는 경우는 드물다. 내가 너를 닮았다고 할 때의 닮음도 실상은 부등호다. 비슷하게 다른 것이다. 내 성격과 네 성격은 대개 다르다. 몸무게나 키도 크거나 작은 경우가 대부분이다. 그럼에도 불구하고 우리가 등식에 익숙한 건 수학 때문이다.

수학에서는 등호가 일상적이다. $1+1=2$가 대표적이다. 같지 않은 식인 부등식도 있지만, 주로 등식을 다룬다. 부등식이라면 $2<x<3$처럼 답이 범위로 나온다. 답이 될 후보군을 좁혀줄 뿐, 정확한 답을 제시해주지 못한다. 완벽한 답이 아니다. 딱 맞아떨어지는 쾌감을 맛볼 수 없다. 하지만 등식은 정확한 답을 알려준다. 수학이 부등식보다는 등식을 선호하는 이유다. 그래서 우리는 등호나 등식을 자연스럽게 받아들인다.

수가 있어 등식이 존재한다

수학에서는 왜 등식이 많이 사용될 수 있을까? 그 비법은 수다. 수는 크기 비교가 명확하다. 3은 2보다 크고, 3은 5보다 작다. 또한 3은 6/2과 같다. 수 사이에서는 큰지, 작은지, 같은지를 명확하게 판정할 수 있다. 이 수가 수학을, 등식을 떠받들고 있다. 그래서 수학자들은 수 체계를 완성하기 위해 많은 노력을 했다. 내로라하는 수학자가 1+1=2라는 등식을, 수많은 페이지에 걸쳐 증명하고자 했던 것도 수 체계를 완벽하게 다듬어야 했기 때문이다.

***54·43.** $\vdash :. \alpha, \beta \in 1 . \supset : \alpha \cap \beta = \Lambda . \equiv . \alpha \cup \beta \in 2$

Dem.

$\vdash . {*}54{\cdot}26 . \supset \vdash :. \alpha = \iota' x . \beta = \iota' y . \supset : \alpha \cup \beta \in 2 . \equiv . x \neq y .$

$[{*}51{\cdot}231] \qquad \equiv . \iota' x \cap \iota' y = \Lambda .$

$[{*}13{\cdot}12] \qquad \equiv . \alpha \cap \beta = \Lambda \qquad (1)$

$\vdash . (1) . {*}11{\cdot}11{\cdot}35 . \supset$

$\vdash :. (\exists x, y) . \alpha = \iota' x . \beta = \iota' y . \supset : \alpha \cup \beta \in 2 . \equiv . \alpha \cap \beta = \Lambda \qquad (2)$

$\vdash . (2) . {*}11{\cdot}54 . {*}52{\cdot}1 . \supset \vdash .$ Prop

From this proposition it will follow, when arithmetical addition has been defined, that 1 + 1 = 2.

러셀과 화이트헤드가 10년의 작업을 거쳐 완성했다는 책 『수학원리』 1권 379쪽의 일부다. 마지막에 1+1=2가 보인다.

아담과 이브는 -1의 제곱근이 되는 수인 허수와 같다.

방정식에 허수를 포함시키면

당신은 어떤 것들도 모두 계산할 수 있다.

허수 없이는 상상조차 할 수 없는 일이다.

Adam and Eve are like imaginary numbers,

like the square root of minus one.

If you include it in your equation, you can calculate all manners of things,

which cannot be imagined without it.

—

작가, 필립 풀먼(Philip Pullman, 1946~)

등호는 최종적인 수의 크기만 본다

등호는 양쪽의 수가 같다는 뜻이다. 그 수도 최종적인 수, 결과적인 수다. 1+1과 2는 사실 다르다. 엄밀히 말해 하나에 하나를 더한 것과 그냥 두 개는 다르다. 하지만 하나에 하나를 더하면 결과적으로 둘이 된다. 그래서 $1+1=2$다.

등호는 과정을 보지 않는다. 모든 계산을 거친 결과만 본다. 그 결과 값만 같다면 등호로 연결해준다. $1+1=2=0.5+1.5=4\div2=3+4-5=\cdots\cdots$. 과거는 묻지 않는다. 과거의 종착점인 현재만을 보고 판단할 뿐이다. 이 점이 매우 중요하다. 이 성질이 서로 다른 식들을 등호로 연결해간다.

수학자들은 수와 등호의 성질을 아주 잘 안다. 그래서 그들은 문제를 수로 바꾸려 한다. 그러기만 하면 나머지 일은 수가 알아서 해준다. 수학자는 문제를 수로 바꾸는 마술사다. 수는 그 수학자들이 외치는 주문이다. 등식은 그 주문의 결과물이다.

등호가 있어, 식을 자유자재로 변형할 수 있다

1+1을 계산하면 2가 된다. 1+1=2이다. 계산은 좌측에서 우측으로 진행된다. 하지만 등식이기에 2=1+1도 성립한다. 2를 두 개의 1로 쪼갠다고 생각할 수 있다.

등호에도 방향이 있다. 좌측에서 우측으로, 우측에서 좌측으로! 1+1=2이고 2=1+1이다. 이 방향성을 새겨두자. 선택권을 두 개 갖는 셈이다. 상황에 맞게 골라 쓸 수 있으니 그만큼 더 자유로워진다.

방정식은 수만 다룬다. 그것도 결과적인 수의 크기에 주목한다. 그리고 등호에는 두 개의 방향이 있다. 이 세 가지 성질을 조합하면 어마어마한 무기가 된다. 그 위력은 상상을 초월한다. 10=2+8=5+5=2+4+3+1=……처럼 등호로 식의 변형과 조작이 자유로워진다. 맘대로 쪼개고, 묶고, 뒤집어도 된다. $(a+b)^2=a^2+2ab+b^2=a^2+ab+ab+b^2=a^2+b^2+2ab=$……. 이 무기가 방정식의 해를 구하는 데 결정적인 역할을 하게 된다. 두고봐라.

04

카멜레온 같은 특별한 등식이, 방정식이다

방정식은 넓은 의미로 등식을 말한다. 하지만 수학에서 배우는 방정식, 일반적으로 사용되는 방정식은 그 의미가 더 좁다. 보통 말하는 방정식이란 무엇일까? 그 답을 찾아보기 위해 등식을 조금 더 자세히 들여다보자. 어쨌거나 방정식은 등식에 포함된다. 방정식은 등식의 부분집합이다. 한 뭉텅이인 등식을 몇 가지로 분류해보자. 기준은, 등식이 맞고 틀린 여부다.

등식, 참인가 거짓인가?

말이라고 해서 다 옳은 건 아니다. 사실과 맞지 않는 틀린 말도 있다. 등식에도 틀린 게 있고, 맞는 게 있다. 면밀한 확인이 필요하다. 방법은 간단하다. 이쪽과 저쪽의 수를 비교해보면 된다. 비교 결과 양쪽의 수가 같다면 그 등식은 맞다.

방정식을 분류해보자. 경우의 수로 생각한다면 둘 중 하나가 아닐까? 맞거나 틀리거나! 정말 그러한지 예로 살펴보자. 문자 x가 나오더라도 겁먹지 말자. 모르는 어떤 수를 □로 사용하던 것을 x로 썼다고 생각하면 된다.

① $0 \cdot x=3$　　② $0 \cdot x=0$　　③ $2x+3=7$

①은 $0 \cdot x=3$, 0에 어떤 수를 곱한 값이 3이다. 맞나? 어떤 수에 0을 곱한 값은 0이다. $0 \cdot 3$도, $0 \cdot (-2)$도, $0 \cdot \sqrt{2}$도 0이다. 그러니 좌변은 0이다. 그런데 우변은 3이라고 한다. 고로 $0 \cdot x \neq 3$이라고 해야 한다. 그러니 이 등식은 틀렸다.

②$0 \cdot x=0$. 좌변의 $0 \cdot x$의 값은 항상 0이다. 그런데 우변도 0

〈다른 그림 찾기〉

같지 않은 부분이 어딘가?

다른 부분이 없다면 두 그림은 같다.

다른 부분을 찾는 자에게는 다른 그림,

못 찾는 자에게는 같은 그림일 것이다.

이쪽과 저쪽을 번갈아보며 면밀하게 확인해보라.

—

김홍도, 〈씨름〉, 18세기경, 국립중앙박물관 소장.

이다. $0=0$이므로 이 등식은 맞다. 어떤 수에 대해서도 $0 \cdot x=0$이다. 이 등식은 옳다.

마지막으로 ③ $2x+3=7$. 이 식이 맞는지 알아보기 위해 x에 값을 몇 개 대입해보자.

x	……	0	1	2	3	4	……
2x+3	……	3	5	7	9	11	……

좌변 $2x+3$은 x의 값에 따라 달라진다. 3, 5, 7, 9, ……. 하지만 우변의 값은 7로 고정되어 있다. 그러니 좌변이 7일 때 등식은 맞다. 그런데 좌변에는 7도 있지만, 7이 아닌 수들도 있다. 맞는 경우도 있고, 틀린 경우도 있다. x가 2인 경우는 $2x+3$이 7이 되어 등식은 맞다. 2가 아닌 경우 등식은 틀리다. x의 값에 따라 맞거나 틀린다.

맞거나, 틀리거나, 경우에 따라서 맞거나

등식의 성립 여부를 확인해봤다. 경우의 수는 세 가지였다. 맞거나 틀리거나 둘만 있지 않았다. 생각 못한 경우가 하나 더 있었다. 값에 따라 참도 되고, 거짓도 되는 경우가 있었다. 길고 짧은 것은 정말 대봐야 아는가 보다.

등식 ① 참인 경우
② 거짓인 경우
③ 참 또는 거짓인 경우

등식에는 세 가지 경우가 있다. 참인 등식, 거짓인 등식, 참이거나 거짓인 등식. 등식이 참이 되게 하는 값이 있는지 없는지, 있다면 몇 개나 있는지에 따라 구분된다. 참이 되게 하는 값이 중요하다. 각각에 그럴싸한 이름을 붙여주자.

참인 등식은 그 해가 무한히 많다. 어떤 수가 올지라도 항상 성립해야 참이니까. 그래서 항등식이라고 부른다. 항상 등식이다. 항등식의 해의 개수는 정할 수 없이 많아, 부정이라고 한다.

거짓인 등식에는 해가 하나도 없다. 어떤 값을 넣더라도 등식은 성립하지 않는다. 식 자체가 성립할 수 없어 불능이라고 한다. 불능인 등식에는 별도의 이름을 부여하지 않았다. 더 이상 거론할 필요가 없기 때문인 것 같다.

참도 될 수 있고 거짓도 될 수 있는 등식이 남았다. 이런 등식을 뭐라 부르면 적절할까? 카멜레온처럼 바뀔 수 있다는 뜻으로 카멜레온 등식, 양면을 지닌 동전을 본떠 동전 등식, 참과 거짓을 미리 알 수 없으므로 미지 등식? 그런데 좀 엉뚱하게도 방정식이라고 했다.

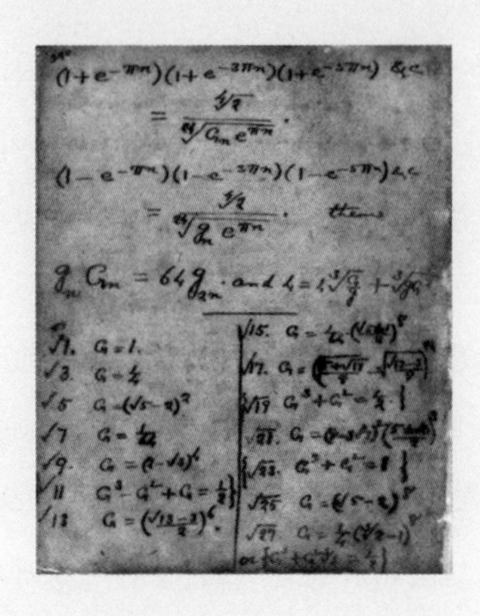

라마누잔의 『잃어버린 노트(Lost Notebook)』 일부다.

무슨 뜻인지는 몰라도 방정식이라는 건 확실하다.

등호가 있지 않은가?

인도의 수학 천재인 라마누잔은 방정식을 많이 남겼다.

신의 계시를 통해 알게 되었다면서 증명도 없이 남긴 게 많다.

후대의 수학자들은

그 방정식들이 맞는지 틀린지의 여부를 확인하고 있다.

—

출처: https://www.ramanujanresearchinstitute.org/

방정식은 특별한 등식이다

경우에 따라 참이 되거나 거짓이 되는 등식을 방정식이라고 한다. 그런 점에서 특별하다. 조건에 따라 모습을 달리하는 카멜레온 등식이다. 방정식은 '조건'과 함께 운명을 같이한다. "친구 따라 강남 간다"는 말처럼, 조건따라 참 또는 거짓이 된다.

	참, 거짓 여부		해의 개수		세부 명칭
등식	참	⇨	무한히 많다(부정)	⇨	항등식
	거짓	⇨	없다(불능)		
	참 또는 거짓	⇨	특정 개수	⇨	방정식

넓은 의미에서 방정식은 등식이다. 좁게 보면 참이 되거나 거짓이 되는 등식이다. 수학 시간에 배우는 방정식은 보통 좁은 의미의 방정식이다. 경우에 따라 그 의미가 달라질 수 있다.

공식과 방정식의 관계

말 나온 김에 '공식'이란 말도 살펴보자. 공식의 일반적인 뜻은, 사회적으로 인정된 공적인 방식이다. 이럴 때는 이렇게 하고, 저럴 때는 저렇게 하자고 정해져 있는 방식을 말한다. 각 경우마다 각각의 방식을 따르고 지켜야 한다. 공식적인 절차라고 보면 된다.

수학에도 공식이 많다. 수학에서의 공식은, 공식적인 수식 정도로 생각하면 된다. 삼각형의 넓이 구하는 공식, 단위 변환 공식, 나눗셈을 곱셈으로 바꾸는 공식, 곱셈 공식, 인수분해 공식, 방정식의 근의 공식……. 따르고 지켜야 할 수식이다.

공식은 일정한 조건에 해당되면 항상 적용된다. 어떤 경우든 예외가 없다. 그런 의미에서 공식은 항등식이다. 삼각형의 넓이를 구하려면 삼각형의 넓이 공식을, 나눗셈을 곱셈으로 바꾸려면 변환 공식을 따른다. 이렇듯 자주 사용되는 특별한 패턴의 항등식이 공식이다. $E=mc^2$과 같이 일정한 규칙을 나타내는 과학 법칙도 공식의 일종이다.

공식은 늘 성립하는 등식이기에 방정식이기도 하다. 등식은 곧 방정식이기 때문이다. 공식은 항등식이자 방정식이다. 등식, 방정식, 항등식은 그 대상이 명확히 구분되는 말이 아니다. 같은 대상일지라도 어떤 면을 강조하고 싶은가에 따라 달리 사용된다.

한글	영어	한자	의미
항등식	an identical equation / an identity	恒等式	항상 참인 등식
방정식	equation	方程式	조건에 따라 참이 되거나 거짓이 되는 등식
불능	impossible	不能	식 자체가 성립 불가능
부정	indeterminate	不定	식을 만족시키는 해의 개수가 무한
공식	formula	公式	계산의 규칙을 나타낸 식

05

왜
방정식이라고
불렀을까?

방정식이라는 말, 참 낯설다. 말만으로는 무슨 뜻인지, 어떤 대상을 지시하는 것인지 짐작하기도 어렵다. 값에 따라 참도 되고 거짓도 되는 등식을 왜 방정식이라고 했을까? '방정'은 뭘까?

방정식, 중국에서 만들어진 말이다

방정식의 한자부터 살펴보자. 방정식은 네모 방(方), 규정이나 길 정(程), 식 식(式)을 합하여 만든 말이다. 문자 그대로 해석한다면 네모난 길의 식 정도다. 특별한 등식이라는 의미는 그 어디에도 없다. 식의 한 종류라는 힌트를 제외하고는 연상되는 게 없다. 뭔가 다른 사연이 있어야만 할 것 같다.

방정식(方程式)은, 영어 equation을 중국에서 한자로 번역한 말이다. 1859년의 『대수학(代數學)』, 1873년의 『대수술(代數術)』에 이 말이 나온다. '방정'이란 말은 고대의 중국 수학책인 『구장산술(九章算術)』에서 왔다. 구장산술은 9개의 장으로 구성된 계산술이라는 뜻이다. 이 책의 8장이 '방정'이고, 이 말을 가져와 equation을 방정식으로 번역했다.

『구장산술』의 방정은 어떤 장일까? 방정이라는 말로 짐작할 수 있을 것이다. 방정식 문제를 다루는 장이다. 어떤 문제들이었는지 보자. 편의상 1299년에 발간된 『산학계몽』 하권 방정정부문의 첫 번째 문제를 예로 들었다. (똑같은 유형의 문제인 데다 이 문제로 설명을 잘했다.)

'방정'의 그 문제

<

"지금 라(얇은 비단) 4자, 능(무늬 비단) 5자, 견(명주 비단) 6자의 값은 1219문이고, 라 5자, 능 6자, 견 4자의 값은 1268문이며, 라 6자, 능 4자, 견 5자의 값은 1263문이다. 라, 능, 견 한 자의 값은 각각 얼마인가?" —『산학계몽』 하권, 126쪽

세 종류의 비단이 나온다. 라, 능, 견. 각 비단의 가격을 모르는 상태다. 대신 섞여 있는 비단의 종류와 총 가격에 대한 세 개의 조건이 제시되어 있다. 이 세 개의 조건을 이용하여 각 비단의 가격을 알아내라는 문제다. 라, 능, 견을 각각 x, y, z라고 하면 문제는 다음과 같은 식으로 표현된다.

$$4x + 5y + 6z = 1219$$
$$5x + 6y + 4z = 1268$$
$$6x + 4y + 5z = 1263$$

바꿔보니 위 문제는 미지수가 세 개, 식이 세 개인 방정식 문

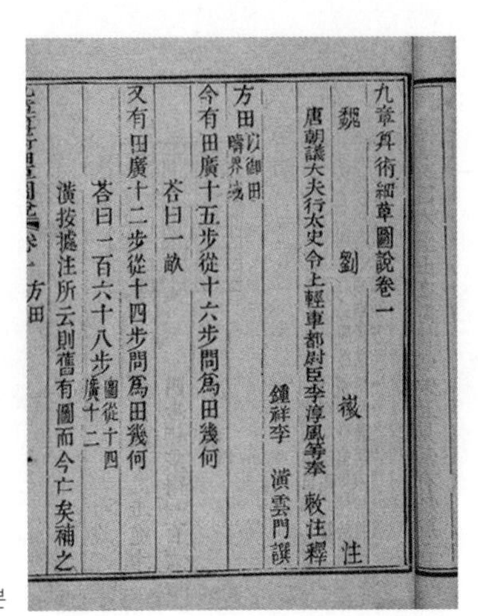

九章算術細草圖說卷一

魏 劉 徽 注

唐朝議大夫行太史令上輕車都尉臣李淳風等奉 敕注釋

鍾祥李 潢雲門譔

方田 以御田疇界域

今有田廣十五步從十六步問爲田幾何

荅曰一畝

又有田廣十二步從十四步問爲田幾何

荅曰一百六十八步 圖從十四廣十二

潢按據注所云則舊有圖而今亡矣補之

方田

『구장산술』 방전(方田) 장 시작 부분

제다. 어려운 말로 삼원일차연립방정식이다. 방정 장에는 이와 유사한 패턴의 문제들이 있다. 전부 일차연립방정식 문제들이다.

네모난 표를 이용한 해법

문제가 있었던 만큼, 그들에게 해법도 있었다. 오늘날 우리가 방정식을 풀 때 적용하는 원리와 똑같다. 식에 통째로 수를 곱하거나 나눠서 다른 식과 더하거나 빼는 식으로 문자를 줄인다. 그러면 결국 답이 나온다. 고대 중국인들도 이 원리를 이용했다. 그런데 더 지혜로운 방법을 사용했다. 그들은 수들만 네모난 표에 따로 표시해 그 수만 계산했다. 필요한 것만 모아서 계산을 했다. 그러면 앞의 문제는 다음 표와 같다.

$$4x + 5y + 6z = 1219$$
$$5x + 6y + 4z = 1268 \quad \rightarrow$$
$$6x + 4y + 5z = 1263$$

6	5	4
4	6	5
5	4	6
1263	1268	1219

네모난 표를 변형하여 푼다

가로로 된 문자식 하나를, 세로 열로 표현했다. 중국인들은 이 표를 가지고 방정식을 풀어냈다. 규칙은 간단하다. 각 세로 열에는 어떤 수를 곱하거나 나눌 수 있다. 그리고 열과 열을 더하거나 뺄 수 있다. 이 규칙만을 가지고 표를 변형해간다.

변형하되 목표가 있다. 표의 3행까지 수들 중 1행 3열, 2행 2열, 3행 1열의 수를 1로 만든다. 나머지 수는 모두 0으로 만든다. 그러면 원하는 해를 구하게 된다. 왜 그러냐고? 만약 앞의 표를 다음처럼 바꿨다고 생각해보라. 우리가 원했던 형태로 수들이 모두 바뀌어 있다. (일부러 아주 간단한 꼴로 바꿔봤다.)

0	0	1
0	1	0
1	0	0
1	3	7

→ $x = 7$, $y = 3$, $z = 1$

이 표를 문사가 포함된 식으로 바꾸면 $z=1$, $y=3$, $x=7$이다.

원하던 답이다. 목표로 삼았던 형태로 수를 모두 바꾸고 나니 답이 자동으로 얻어졌다. 고대 중국인들은 이 사실을 알고 있었다. 그래서 문제의 수만으로 구성된 표를 먼저 만들어냈다. 그러고는 표를 조작해 원하는 형태가 되도록 했다.

네모난 표로 문제를 풀어보자

앞에서 예로 든 문제를 이 방법으로 풀어보자. 낯설어서 어렵게 느껴질 뿐 적응만 되면 요즘의 방법보다 쉽다. 그 과정을 보여주겠다.

6	5	4
4	6	5
5	4	6
1263	1268	1219

2열 − 3열
1열 − 3열
→

2	1	4
-1	1	5
-1	-2	6
44	49	1219

2열 × 4
1열 × 4
→

8	4	4
-4	4	5
-4	-8	6
176	196	1219

2열 − 3열
1열 − 3열 × 2
→

0	0	4
-14	-1	5
-16	-14	6
-2262	-1023	1219

1열 − 2열 × 14
→

0	0	4
0	-1	5
180	-14	6
12060	-1023	1219

2열 × (-1)
1열 ÷ 180
→

0	0	4
0	1	5
1	14	6
67	1023	1219

2열 − 1열 × 14
→

0	0	4
0	1	5
1	0	6
67	85	1219

3열 − 2열 × 5 →

0	0	4
0	1	0
1	0	6
67	85	794

3열 − 1열 × 6 →

0	0	4
0	1	0
1	0	0
67	85	392

3열 ÷ 4 →

0	0	1
0	1	0
1	0	0
67	85	98

마지막 표에 답이 있다. $x=98$, $y=85$, $z=67$. 참, 놀랍다! 원리를 이해했을 뿐만 아니라 빠른 해법까지 만들어냈다. 잠시나마 그들의 지식과 지혜에 깊은 경의를 표하자.

나는 과학의 열혈 팬이다.

그러나 이차방정식을 풀지는 못한다.

I am a great fan of science, but I cannot do a quadratic equation.

—

소설가, 테리 프래쳇(Terry Pratchett, 1948~2015)

방정식,
해법을 떠올려주는 말

equation을 왜 방정식으로 번역했는지 이해되는가? equation에서 다루는 문제들은 『구장산술』의 방정 장의 문제와 유형이 같았다. 문제의 해법도 매우 유사하다. 방정 장은 문제들을 네모난 표를 이용해 푼다. 해법의 형식은 지금과 다르다. 하지만 그 기본 원리는 가감법으로 불리는 해법과 동일하다. 서로 다른 식들에 수를 곱한 다음, 식과 식을 더하거나 빼는 방법이다. 번역자는 이런 유사점을 간파했다. 그래서 equation을 방정식으로 번역했다. 방정식이란 말에는 그런 역사적인 스토리가 있었다.

equation을 방정식으로 번역한 사람은 이선란(李善蘭, 1810~1882)이다. 청나라의 수학자로 중국 근대 수학사를 대표하는 인물이다. 그는 10세 때에 『구장산술』을 깨우쳤다고 한다. 나중에는 서양수학의 고전인 유클리드의 『원론』도 공부했다. 중국과 서양의 대표적인 책을 다 섭렵했다. 그래서 그는 equation을 번역하면서 『구장산술』의 방정 장을 떠올릴 수 있었다.

방정, 음수의 탄생지,
'방정'의 뜻

우리는 이제 '방정'이라는 말까지도 이해할 수 있다. 문제를 풀어가는 과정이 네모로 된 표로 길게 이어지기 때문에 '네모 방, 길 정'을 써서 방정이다. 중국의 양휘(楊輝, 1238?~1298?)라는 수학자는 상해구장산법(詳解九章算法)에서 방정을 "수를 네모난 표의 형태로 늘어놓고 계산하는 것"(『구장산술』, 155쪽)을 가리킨다고 했다. 방정은 해법의 과정을 이미지화한 말이다.

『구장산술』의 방정 장은 방정식이라는 말에 그 흔적을 남겼다. 동양과 서양의 다리 역할을 충실하게 해냈다.

그런데 방정 장은 수의 역사에 있어서도 중요한 사건이 발생한 곳이다. 그곳에서 음수가 탄생했다. 역사상 최초라 할 만하다. 방정의 첫 번째 문제를 풀어낸 표들을 보라. 표 가운데에서 음수가 보일 것이다. 열과 열끼리 빼다 보면 작은 수에서 큰 수를 빼는 경우가 발생했다. 고대 중국인들은 이 중간 과정의 계산을 처리하기 위해 음수에 해당하는 기호를 고안하여 사용했다. 음수는 그렇게 방정식의 과정에서 출현했다.

06

〈히든 피겨스〉, 히든 방정식

뭐 하려고 방정식을 세우고 푸는 걸까? 수식이라는 불편한 언어를 감수하면서까지 방정식을 사용하는 데에는 그럴 만한 가치가 있기 때문일 것이다. 그걸 알아내기 위해 방정식을 조금 멀찍이 떨어져 바라보자. 지구 밖으로 나가 지구를 바라보듯이.

〈히든 피겨스〉, 히든 방정식

〈히든 피겨스(Hidden Figures)〉는 2016년에 개봉한 영화다. 1960년대가 주된 배경이다. 당시에는 소련이 우주항공 분야에서 미국을 앞서고 있었다. 소련 비행사 유리 가가린(Yurii Gagarin, 1934~1968)은 1961년에 지구를 도는 우주비행에 최초로 성공했다. 이 사건은 미국에 충격을 주면서 승부욕을 자극했다. 미국은 연구에 박차를 가하며 경쟁에서 앞서가고자 한다. 그 경쟁의 과정에서 빠질 수 없는 게 계산이었다.

당시에는 지금과 같은 성능을 갖춘 컴퓨터가 없었으므로, 그 계산을 인간이 수행해야 했다. 계산하는 그 사람들을 '컴퓨터'라고 불렀다. 그 컴퓨터 중 한 명이 〈히든 피겨스〉의 주인공 캐서린 존슨(Katherine Johnson, 1918~2020)이었다. 그녀는 NASA에서 30여 년 간 근무 하며 각종 업무에 참여했다. 그런 업적을 인정받아 2015년 버락 오바마 대통령으로부터 대통령 자유 훈장을 수여받았다.

영화는 우주를 정복하기 위한 소련과 미국의 경쟁을 전면에 내세운다. 하지만 그 과정에서 숨겨져 있던 다른 면을 드러낸다.

수학에서 당신은 둘 중 하나다.

맞거나 틀리거나.

나는 수학의 그런 점을 좋아한다.

In math you're either right or you're wrong.

That's what I like about it.

—

캐서린 존슨(Katherine Johnson, 1918~2020)

흑인 여성 근무자에 대한 차별이었다. 컴퓨터로 일했던 흑인 여성들이 당해야만 했던 수모와 불평등이 영화의 주요 메시지다. 그래서 영화의 제목이 〈히든 피겨스〉다. 우주시대를 열어가던 과정에서 큰 역할을 했지만 감춰져 있던 인물들의 이야기다.

그런데 피겨스(figures)를 인물이 아닌 수치로 해석해도 근사한 제목이 된다. 제대로 조명받지 못한 채 숨어 있던 주인공들이 주로 했던 일은 수치 계산이었다. 영화는 이 수치 계산이 얼마나 중요한지도 보여준다. 그닥 중요하게 평가받지 못한 채 숨어 있던 수치 계산의 중요성을 부각시킨다. 숨겨진 인물들의 수치 계산, 그래서 히든 피겨스다.

우리는 여기에서 한 걸음 더 나아가자. 수치 계산을 방정식으로 확대 해석하는 것이다. 이 영화를 잘 보면 방정식을 왜 사용하는지까지 이해할 수 있다. 〈히든 피겨스〉에는 방정식을 사용하는 목적이 숨어 있다.

특별한
순간을 찾아라!

영화 중간에 해결하기 어려운 문제가 닥친다. 지구를 돌고 있는 우주선을 지구로 다시 불러들여야 하는 일이다. 여기서 우주선을 언제 불러들이느냐 하는 문제가 발생한다. 언제냐에 따라서 성공 여부가 결정되기 때문이다.

캡슐로 불리는 우주선은 지구를 돌고 있다. 궤도는 원형에 가까운 타원형이다. 지구의 적도 부근이 약간 긴 타원형이니까. 우주선을 불러들이려면 궤도를 수정해야 한다. 타원형에서 포물선으로! 타원형으로 빙빙 돌고 있는 우주선을 포물선처럼 지상으로 떨어뜨려야 한다.

문제는 '언제 궤도를 바꾸느냐?'다. 속도가 너무 빠른 상태에서 궤도를 수정하면 공기와의 마찰로 우주선은 타버린다. 그렇다고 너무 느린 상태에서 수정하면 궤도에 진입하지 못하고 지구 밖으로 날아가버린다. 우주선을 무사히 귀환시키려면 타이밍이 정확해야 한다. 두루뭉술해서는 실패한다. 그 특별한 순간을 알아내야만 했다.

캐서린은 굉장히 복잡한 문제임을 직관적으로 깨닫는다. 그녀는 다양한 요인을 한꺼번에 고려해야 한다고 말한다. 캡슐의 질량과 무게, 캡슐의 속도, 각종 시간, 거리, 마찰요인 등. 질량과 무게가 조금 달라져도, 속도나 거리가 조금 달라져도 결과는 판이하게 달라진다. 게다가 그 변화는 서로 맞물려 있다. 질량이 무거워지면 속도가 느려질 테고, 또한 마찰의 정도에 영향을 미치게 된다. 꼬리에 꼬리를 무는 정도가 아니라, 얽히고설킨 뉴런처럼 영향을 주고받는다.

특별한 조건, 특별한 순간을 찾아내야 하는 이런 문제를 과연 어떻게 해결할 수 있을까?

많은 건축가들이 매우 논리적이다.

그들은 분석으로 작업을 시작한다.

합리적인 작업과정들을 거친 다음 올바른 답을 찾아낸다.

이는 마치 수학의 방정식을 푸는 것과 같다.

I would say that many architects are very logical.
They start their process from analysis and from rational processes to try
and find the 'right' answer, like solving a mathematic equation.

—

건축가, 마 얀송(Ma Yansong, 1975~)

될 때까지 시도하는 시행착오법

이런 문제를 해결하는 고전적인 방법은, 일명 '주사위 계속 던지기'다. 주사위를 굴려서 나온 대로 하라는 뜻이 아니다. 될 때까지 끊임없이 시도해보라는 것이다. 원하는 패가 나올 때까지 주사위를 던지듯 될 때까지 하면 된다. 비가 올 때까지 비가 오라는 주문을 외워, 그 주문을 완성시킨다는 인디언처럼 말이다. 이것이 시행착오법이다. 성공할 때까지 실패를 반복하며 시도한다 하여 트라이얼 앤드 에러(trial and error)라고 한다.

우주선 귀환 문제에 시행착오법을 적용해보자. 우선 여러 개의 우주선을 준비한다. 그중 하나를 골라 지구 궤도에 진입시킨 후 적절하겠다 싶은 타이밍을 골라 궤도를 바꾼다. 그리고 결과를 지켜본다. 실패다. 실패한 타이밍을 기록해둔다. 그리고 다른 우주선을 대기시킨다. 다른 타이밍을 골라 다시 궤도를 바꾼다. 결과를 지켜본다. 실패다. 그 과정을 계속 반복한다. 그렇게 조정해가다 보면 결국 적절한 타이밍을 알게 된다. 성공이다.

시행착오법, 심히 곤란하다

시행착오법을 적용하려면, 일단 우주선이 많아야 한다. 다 씹은 껌을 뱉듯 우주선을 과감히 버릴 각오를 해야 한다. 그런데 그럴 수 있을까? 그럴 수 없다. 돈, 시간, 자원 등의 비용을 감당할 수 없다.

인공위성은 아직 아주 비싼 물건이다. 요즘에는 한 변의 길이가 10센티미터 정도인 정육면체 모양의 초소형 인공위성도 등장했다. 무게가 1킬로그램 정도란다. 이 위성을 제작하여 발사하는 데만도 대략 2억 원 정도의 비용이 든다.• 더 크고 성능 좋은 위성은 그 비용이 더 든다.

인공위성을 궤도에 진입시켜줄 발사체는 돈이 더 들어간다. 발사체를 한 번 쏘아 올리는 데 최소 700억 원 정도란다. 미국의 앨런 머스크가 운영하는 스페이스X가 발사체를 재사용하는 기술을 개발해 그 비용을 절반 가까이 줄였다고 한다.••

• 《한국경제》, 2018. 11. 16. https://www.hankyung.com/it/article/2018111644101
•• 《중앙일보》, 2019. 1. 24. https://news.joins.com/article/23320461

한 변의 길이가 10cm 정도인
노르웨이 큐브 위성

시행착오법은 시간 면에서도 부담스럽다. 우주선을 제조해 우주에 띄운 후 그 우주선을 불러들이는 것, 현재로서는 시간이 많이 든다. 그래서 우주항공 사업은 현재 강대국이나 거대 기업 정도에서나 추진하고 있다. 막대한 재정과 인력을 투입하고도 우주선을 띄우려면 상당한 시간이 소요된다. 그 과정을 여러 번 반복하면 하세월이 걸릴 게 뻔하다.

시행착오법은 결과에 대해서 장담할 수 있는 게 거의 없다. 해봐야 결과를 알 수 있다. 미래에 대한 계획이 무의미하다. 원하는 순간을 맞이하기까지 돈과 시간이 얼마나 들지 모른다. 행운의 여신이 함께해주기를 간절히 기도하는 수밖에 없다. 예측불가, 계획불가, 노력불가다. 종합하면 시행착오법은 No!

수학으로
시뮬레이션을!

캐서린 존슨은 그 문제를 꼭 풀어야 했으나 직접 실험을 해볼 수는 없었다. 직접 실험이 안 되기에 가상의 실험인 시뮬레이션을 해야 했다. 지금처럼 컴퓨터가 발달했던 것도 아니어서 컴퓨터 시뮬레이션도 불가능했다. 다른 시뮬레이션 방법이 필요했다. 선택지는 거의 정해져 있었다. 이론적인 시뮬레이션만이 돌파구가 될 수 있었다.

이론적인 시뮬레이션을 위해 캐서린은 수학 모델과 수치를 활용했다. 우주선이 궤도를 돌다가 궤도를 바꿔 지구에 착륙하기까지의 과정을 수학으로 재현해보는 것이다. 실제의 전반적인 과정을 수학 모델로 완벽하게 변환한다면, 그 모델을 가지고 실제처럼 실험할 수 있다. 실제를 수학 모델로 바꿔, 수치를 통해 실험해보는 방법이 캐서린의 선택이었다. 수학 시뮬레이션 또는 수치 시뮬레이션이다.

양자역학이 두 개의 전혀 다른 수학 공식으로부터

시작되었다는 것은 매우 특이한 역사적 사실이다.

그 두 개는 슈뢰딩거의 미분방정식과 하이젠베르크의 행렬대수이다.

명백히 다른 두 개의 접근법은

수학적으로 동등하다는 것이 증명되었다.

It is a curious historical fact that modern quantum mechanics began

with two quite different mathematical formulations:

the differential equation of Schrödingers and the matrix algebra of Heisenberg.

The two apparently dissimilar approaches were proved

to be mathematically equivalent.

—

물리학자, 리처드 파인만(Richard P. Feynman, 1918~1988)

인과관계를 수학 모델로!

캐서린은 수학 모델을 만들어야 했다. 그러기 위해 우선 우주선의 비행에 영향을 미치는 요인을 파악해야 했다. 우주선의 부피나 질량은 물론이고, 고도나 속도, 각도 같은 것들이다. 그리고 각 요인이 결과에 얼마나 영향을 미치는지도 알아내야 했다. 질량이 1킬로그램 늘 때마다, 초속이 줄 때마다 귀환하는 우주선의 상태가 어떻게 달라지는지를 계산해보는 식이다. 그리고 그 모든 요인이 합쳐져 최종적으로 우주선이 어떤 상태가 되는지를 따져야 했다. 우주선의 비행에 대한 원인과 결과를 파악해야 했다.

인과관계: 원인들, 그 원인들이 결과에 영향을 미치는 정도, 종합적인 결과.

인과관계를 파악했다면 그다음 일은, 인과관계를 그대로 반영하는 수학 모델을 만드는 것이다. 수학 모델은 인과관계의 양상이나 정도를 수식으로 표현하는 것이다. 원인들의 상태를 수로, 원인들이 결과에 미치는 정도를 수로 표현한다. 그러면 결과

또한 자동적으로 수가 된다. 그 과정에서 각양각색의 수식이 화려하게 등장한다. 수식의 구도는 단순하다. 원인들의 총합이 결과가 된다.

수학 모델: 원인들의 영향 = 결과

수학 모델이 방정식이었다

수학 모델은 결국 인과관계를 반영한다. 그 모델은 수와 수식 그리고 등호로 구성되어 있다. 어? 등호가 등장했다. 등식이라는 말이니, 수학 모델은 곧 방정식이다. 그런데 방정식은 조건에 따라 참 또는 거짓이 되는 등식이라고 했다. 수학 모델은 방정식의 정의도 만족을 시킬까? 그렇다.

수학 모델은 인과관계이기에 특정 원인에 대해 특정 결과만이 대응한다. 그 경우만 참이다. 조건이 달라지면 결과도 달라진다. 고로 특별한 경우만 참이고 나머지 경우는 거짓인 등식이 된다. 방정식의 정의를 그대로 만족시킨다.

캐서린이 만들어낸 수학 모델은 곧 방정식이었다. 뉴턴과 아인슈타인의 방정식처럼 각 요인 간의 관계를 설명해주는 식이었다. 그것도 여러 개의 식이 연결되어 있는 연립방정식이었다. 다양한 요인이 서로 맞물려 영향을 주고받기 때문이다. 캐서린은 실제 현상을 그대로 반영하는 방정식을 세움으로써 문제를 해결했다.

단 하나의 통일된 이론이 존재한다고 할지라도
그것은 단지 규칙과 방정식의 집합일 뿐이다.
방정식에 생기를 불어넣고
우주가 그것들을 통해 묘사되도록 하는 것은 무엇인가?
수학적 모델을 구축해가는 과학의 일상적 접근법은
다음의 질문에 답변하지 못한다.
그런 모델이 묘사하는 우주가 왜 존재해야만 하는가?

Even if there is only one possible unified theory,
it is just a set of rules and equations.
What is it that breathes fire into the equations and
makes a universe for them to describe?
The usual approach of science of constructing a mathematical model cannot
answer the questions of why there should be a universe
for the model to describe.

—

물리학자, 스티븐 호킹(Stephen W. Hawking, 1942~2018)

07

방정식은 소원성취식이다

캐서린 존슨은 문제를 해결하기 위해 방정식을 떠올렸다. 그녀는 과연 어떤 방정식을 세웠을까? 그녀의 방정식은 문제를 말끔하게 해결했을까?

캐서린 존슨이 실제로 풀어낸 방정식

캐서린 존슨은 방정식을 통해 우주선 귀환 문제를 해결했다. 책『히든 피겨스』는 캐서린이 만든 방정식이 몇 개나 되는지를 말해준다. 총 22개의 방정식과 9개의 오차식이었다고 한다. 방정식 3은 위성의 속도를, 방정식 19는 특정 시간에 위성의 경도 위치를, 방정식 A3은 경도의 오차를, 방정식 A8은 지구의 동서 방향 회전과 타원 구체 성질을 반영하는 조정을 나타냈다.

NASA 홈페이지에서 캐서린이 작성한 보고서「Determination of Azimuth Angle at Burnout for Placing a Satellite Over a Selected Earth Position」•를 볼 수 있다. 그 보고서는 34쪽 분량에 달한다. 다음 이미지는 그중 일부다. "symbols"의 항목에 "equation"이 자꾸 언급되는 걸 확인할 수 있다. "cos"이나 "tan"가 들어가 있는 실제 방정식도 보인다.

• NASA, https://ntrs.nasa.gov/archive/nasa/casi.ntrs.nasa.gov/19980227091.pdf

SYMBOLS

a	semimajor axis of elliptic orbit	L
E	eccentric anomaly, defined by equation (9)	2 8 9
e	eccentricity of orbit, defined by equation (6)	
g_o	gravitational constant at earth surface	
i	inclination angle of orbital plane	
N	nodal point at which satellite crosses equator	
n	number of completed orbital passes, referenced to launch latitude	
O	center of earth	
P	perigee location in orbital plane	
p	semilatus rectum of ellipse, defined by equation (1)	
R	radius of earth	
r	distance of satellite from earth center	
S	position of satellite in orbital plane	
T	satellite period, defined by equation (7)	

Angle in orbit plane between perigee and burnout point is given by

$$\tan \theta_1 = \tan \gamma_1 \left(\frac{\frac{p}{r_1}}{\frac{p}{r_1} - 1} \right) \tag{5}$$

Eccentricity is

$$e = \frac{1}{\cos \theta_1} \left(\frac{p}{r_1} - 1 \right) \tag{6}$$

Satellite period in seconds is

$$T = 2\pi \sqrt{\frac{R}{g_o}} \sqrt{\left(\frac{a}{R} \right)^3} \tag{7}$$

캐서린은 그렇게 많은 방정식을 세우고 풀어냈다. 그 결과 우주선 귀환에 적절한 타이밍과 위치를 알아냈다. 그녀의 방정식과 계산은 정확했다. 우주선은 그녀의 소원대로 무사히 지구에 귀환할 수 있었다. 그녀는 우주비행선의 궤도 역학 계산에서 결정적 역할을 했다. 미국 우주선의 역사가 그녀와 더불어 날아올랐다.

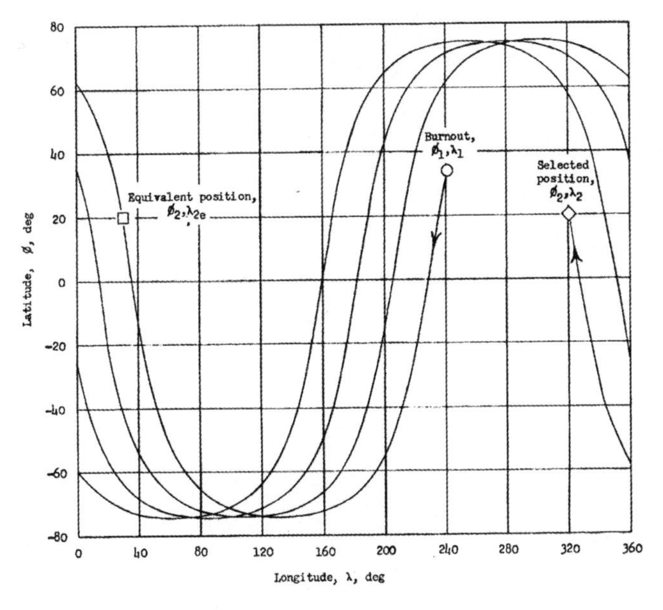

(b) Case B, westward launch.

Figure 5.- Concluded.

『한여름의 방정식』,

일본의 추리작가 히가시노 게이고의 책이다.

여름철 바닷가의 마을에서 사람이 죽는다.

단순 사건인지 살인 사건인지를 주인공 물리학자가 파헤쳐간다.

방정식인 사건으로부터,

사건의 진상인 x를 밝혀내는 것은 쉽지 않다.

머리를 많이 써야 한다. Yes pains, Yes gains!

방정식은 소원성취식이다

캐서린 존슨은 우주선 귀환이라는 난제를 방정식으로 해결했다. 관련된 인과관계를 표현한 방정식들을 풀어 귀환에 적절한 타이밍과 위치를 알아냈다. 방정식을 통해 캐서린은 원하는 것을 얻었다.

방정식을 사용하는 목적은, 원하는 결과를 얻기 위해서다. 원하는 특별한 상태를 특별한 수식으로 표현하고, 그 수식을 풀어서 특별한 답을 찾아낸다. 그러니 방정식은 '소원성취식'이다. 방정식을 잘 세워 풀기만 한다면 소원을 이룰 수 있다. 그러니 어떤 문제를 풀려는 사람에게 방정식은 초미의 관심사일 수밖에 없다.

폴 디랙은 말을 거의 하지 않은 사람으로 정평이 나 있다.

딕 파인만은 어느 컨퍼런스에서

디랙을 처음 만났던 때를 이야기했다.

디랙이 오랜 침묵을 깨고 말했다고 한다.

“나는 방정식을 갖고 있다. 당신도 역시 그런가?”

Paul Dirac was notoriously a man of few words.

Dick Feynman told the story that when he first met Dirac at a conference,

Dirac said after a long silence,

“I have an equation; do you have one too?”

—

물리학자, 앤서니 지(Anthony Zee, 1945~)

순간을 포착해 영원히 간직한다

방정식은 특별한 순간이나 상태를 수식으로 포착한다. 움직이는 물체를 순간 포착해 영원히 기록해두는 사진과 같다. 우리는 잊지 못할 순간이나 영원히 기억하고 싶은 순간을 사진으로 남긴다. 그 순간을 영원히 붙잡아두고 싶어서다. 나중에라도 그 순간을 다시금 재현해보기 위해서다. 방정식은 특별한 상태를 이미지가 아닌 수식으로 기록해둔다. 그 방정식을 골똘히 보노라면 그 순간이나 상태를 언제든 재현할 수 있다.

방정식은 또한 시간을 거꾸로 돌릴 수 있는 타임머신이다. 현재라는 시간이 자연스레 흘러가 원하는 미래에 닿아주기를 기다리지 않는다. 방정식은 특별한 순간의 미래로 곧장 나아갈 수 있게 한다. 그 미래에서 현재로 다시 돌아와 그 미래를 만들어간다. 미래란 현재가 아닌 시간일 뿐이다. 방정식은 시간의 이동을 자유롭게 해준다.

사람은 정치와 방정식 사이에서 시간을 나눠 써야 한다.

내게는 방정식이 더 중요하다.

정치는 현세를 위한 것이지만,

방정식은 영원을 위한 것이기 때문이다.

One must divide one's time between politics and equations.

But our equations are much more important to me,

because politics is for the present, while our equations are for eternity.

—

과학자, 앨버트 아인슈타인(Albert Einstein, 1879~1955)

>

방정식 = 세우기 + 풀기

방정식은 원하는 결과를 얻기 위해 활용된다. 그러기 위해 우선은 문제가 되는 상황을 수식으로 바꿔야 한다. 그 수식은 지구를 축소해놓은 지도와 같다. 정밀하고 정확할수록 탁월한 기능을 발휘한다. 그다음에는 수식을 풀어 원하는 답을 얻어낸다. 정확하게 방정식을 세우고, 방정식을 정확하게 풀어야 한다. 그래야 특별한 순간을 정확하게 맞이할 수 있다.

방정식 = 정확한 방정식 세우기 + 방정식 정확하게 풀기

08

맛있는 피자?
맛있는 방정식!

캐서린 존슨은 방정식을 통해 문제를 해결했다. 방정식의 효과를 톡톡히 봤다. 제대로 된 방정식은 우리에게 특별한 순간을 선물해준다. 그래서 방정식의 위력을 아는 사람들은 방정식을 찾아 내려 안간힘을 쓴다.

걷고 싶은 거리를 만들어주는 방정식

서울의 홍대 거리나 신사동 가로수길은 걷고 싶은 거리로 유명하다. 그 거리에서 사람들은 우정과 사랑을 나누며 오순도순 걷는다. 거리가 주는 재미와 즐거움을 만끽한다. 걷고 싶은 거리가 명소로 자리 잡다 보니 많은 도시가 걷고 싶은 거리를 조성하고자 노력한다. 볼거리, 먹거리, 놀거리를 구비하며 사람들의 발걸음을 유혹하고자 한다.

걷고 싶은 거리에도 일정한 규칙이 있을까? 그런 규칙이 있다면 걷고 싶은 거리를 조성하는 게 한결 수월해질 것이다. 유현준 교수는 『도시는 무엇으로 사는가』란 책에서 걷고 싶은 거리의 방정식을 제시한다. 그는 공간의 속도라는 개념을 제시한다. 각 거리마다 이 속도를 측정해 그 크기로 걷고 싶은 거리인지 아닌지를 평가해본다.

공간의 속도 = {(차도면적 × 차의 평균속도) +
(인도면적 × 보행속도평균) + (데크면적 × 1km/h) +
(주차장면적 × 1km/h)} ÷ (전체면적)

그는 공간의 속도가 4와 비슷한 거리가 걷고 싶은 거리라고 주장한다. 4란 사람이 보통 걸어 다니는 속도에 해당한다. 그는 이 공식을 통해 거리 몇 군데의 공간의 속도를 측정했다. 공식에 따르면 홍대 거리는 4.86, 신사동 가로수길은 5.41, 명동은 6.5, 강남대로는 47.96, 테헤란로는 52.03이었다. 걷고 싶은 거리를 만들고자 한다면 공간의 속도가 4나 5가 되도록 각각의 요소를 조정해야 한다.

배차 간격 방정식을 찾아라

버스의 배차 간격은 상황에 따라 달라진다. 승객이 많을 때는 배차 간격을 줄여 승객의 불편을 최소화한다. 반대로 승객이 적을 때는 배차 간격을 늘려 버스회사의 운행 부담을 최소화한다. 경험과 느낌에 의지해 배차 간격을 대충 정할 수도 있다. 그러나 손실이나 불편을 최대한 줄이기 위해, 최적의 배차 간격을 방정식으로 계산해볼 수도 있다.

방정식을 통해 최적의 배차 간격을 구해보려 한 사람들이 있다. 《대한토목학회지》 2018년 2월호에 발표된 논문의 저자들이다. 그들은 현실적으로 적용해볼 수 있는 배차 간격 모형을 연구했다. 부산시의 실제 도로 여건과 운행 환경을 기반으로 해서 작성했다. 이 논문 중간에 배차 간격을 결정하는 방정식이 소개되었다.

$$h = (60 \times \alpha \times c_v) \div P_{max},\ h < h_p$$

$$N = [T_c \div h]$$

보기만 해도 아찔한 식이다. '아, 이런 것도 있구나!'라고 감탄하며 지나치자. 첫 번째 식의 좌변 h가 배차간격(분/초)이다. 우변의 α는 혼잡도, c_v는 차량용량(대/시), P_{max}는 최대 재차 수요(인/시)를 나타낸다. 제한조건은 $h < h_p$이다. h가 정책 배차간격인 h_p보다 작아야 한다는 뜻이다. 두 번째 방정식은 배차간격 h와 노선의 왕복 운행시간 T_c, 투입차량대수 N의 관계를 설명해준다.• 저런 상태일 때가 최적의 배차간격이 된단다.

이 방정식이 얼마나 유효할지는 의문이다. 그래도 저런 과정에서 보다 적절한 방법이 발견되지 않을까 싶다. 저렇게 난해한 방법까지 동원하며 해보려는 만큼 하늘도 감동하시지 않을까?

• 김수정·신용은 지음, 「운행시간 및 수요 기반 버스 최적배차간격 산정에 관한 연구」, 《대한토목학회지》, Vol. 38, No. 1: 167-174, 2018년 2월호.

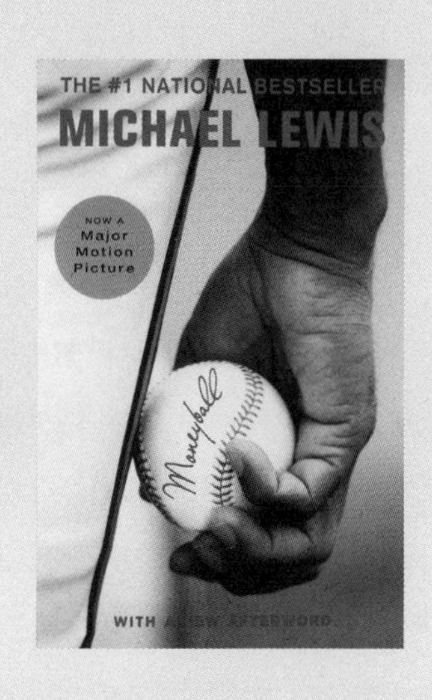

책 『머니볼(Moneyball)』,

메이저리그의 역사를 바꾼 사건을 다룬다.

브래드 피트가 주연을 한 영화 〈머니볼〉의 원작이다.

경기에서 승리할 확률을 다룬 방정식과

그 방정식이 발견되기까지의 과정이 소개된다.

그 방정식에서 가장 중요한 변수는

타율이나 홈런이 아닌 출루율이었다.

히트곡 방정식을 찾아라!

가수라면 누구나 히트곡을 소망한다. 히트곡을 만들어낼 수 있는 비법, 그런 게 정말 있을까? 그 방정식을 찾아나선 사람들이 있다. 영국 브리스톨 대학의 티즐 드 비 박사팀이다. 그들은 어떤 노래가 히트할지 안 할지를 미리 알 수 있는 히트곡 방정식을 만들었다고 주장했다. 인공지능의 기계학습 알고리즘을 활용했다.•

그들은 영국의 지난 50년간 히트곡을 분석했다. 싱글 인기차트 음악 40개를 바탕으로 했다. 상위 인기곡 5개가 30~40위 곡들과 어떤 차이가 나는지를 살펴봤다. 그 결과 히트곡 방정식을 찾아냈다. 그런데 그 방정식의 요인이 무려 23가지다. 빠르기, 박자, 곡의 길이, 화음, 곡의 시끄러운 정도 등등. 그 방정식은 다음과 같다.

$$\text{히트할 확률} = (\text{박자} * W1) + (\text{화음} * W2) + \cdots + (\text{소리 세기} * W23)$$

• 《시사저널》, 2019년 10월 12일, http://www.sisajournal.com/news/articleView.html?idxno=134020

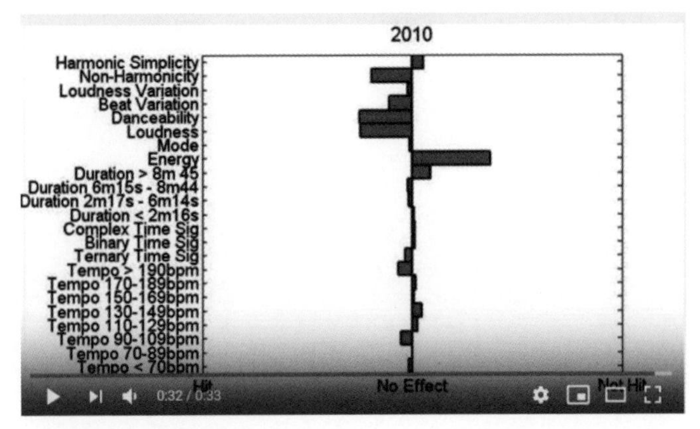

히트곡 방정식에 관한 동영상을 캡처한 이미지다. 2010년도 히트곡의 요소를 효과의 방향과 정도에 따라 막대그래프로 나타냈다.

여기서 W는 가중치다. 그 요인의 중요도에 따라 가중치가 결정된다. 중요하다면 가중치를 높이고, 중요하지 않다면 가중치를 낮춰 영향력을 조절했다. 시대의 흐름에 따라 달라지는 히트곡을 분석하여 가중치를 달리했다. 위 도표는 2010년도 히트곡의 중요성 정도를 나타낸다.•

2010년도 히트곡에서 가장 중요한 요소는 "Danceability"와 "Loudness"이다. 춤출 수 있는 노래, 시끄럽고 소리가 큰 노래들이 히트했다. "energy"라고 표현된 요인이 히트를 가로막는 가장

• Evolution of Musical Features.mpg.
https://www.youtube.com/watch?time_continue=24&v=CEfTrROi9ms

큰 장애물이었다. 다른 시기에는 어떤 요인이 중요했는지 궁금하다면 유튜브에서 Evolution of Musical Features.mpg를 검색해보면 된다.

>

맛있는 피자 방정식

맛있는 음식에도 비법은 있기 마련이다. 레시피에 따라 음식의 맛은 하늘과 땅만큼 차이가 난다. 한 수학자가 맛있는 피자를 만들 수 있는 방법을 탐구했다. 수학자답게 그 비법을 방정식으로 표현했다. 영국의 수학자 유지니아 쳉(Eugenia Cheng)은 수학을 요리와 관련하여 이야기하기를 좋아한다. 그녀는 2013년에 「완벽한 피자를 만들기 위한 수학 공식」을 발표했다. 그것도 논문으로 말이다.

그녀는 피자의 도우 두께와 피자의 토핑 비율에 주목했다. 특히 토핑 비율을 맛있는 피자의 핵심 요인으로 꼽았다. 그녀는 먼저 도우의 부피와 토핑의 부피가 같다는 가정하에 토핑의 비율을 따져봤다. 큰 피자의 토핑 비율은 작은 피자의 토핑 비율보다 낮았다. 11인치 피자는 14인치 피자에 비해 토핑의 비율이 10퍼센트 정도 더 높았다. 결론은 간단하다. 피자가 클수록 토핑을 더 많이 해야 한다는 것이다.• (당연한 이야기를 이리 어렵게 하다니. 역시

• 「On the perfect size for a pizza」, Eugenia Cheng, 2013년 10월 14일.
http://eugeniacheng.com/wp-content/uploads/2017/02/cheng-pizza.pdf

수학자다.)

그녀는 논문에서 몇 단계의 과정을 거친 후 토핑의 비율 방정식을 제시했다. ‘t’는 토핑의 부피, ‘d’는 도우의 부피, ‘r’은 피자의 반지름이다.

$$\text{토핑의 비율} = \frac{t}{d} \cdot \frac{r^6}{(r^3 - a)^2}$$

나는 1990년대 중반에 중서부 전역에서

해크베리 과일 수천 개를 수집했다.

나는 방정식 하나를 세우기 위해 각각의 씨앗을 화학적으로 분석했다.

그 방정식은 여름 기온 아래에서 자라나는

해크베리의 미네랄 구성과 관련되어 있다.

During the mid-1990s,

I collected thousands of hackberry fruits from trees all across the Midwest.

I chemically analyzed each seed in order to formulate an equation

relating the hackberry's mineral makeup

to the summer temperature under which it grew.

—

지구화학자, 호프 자런(Hope Jahren, 1969~)

3부

방정식을 어떻게 다룰까?

09

방정식을 어려워하는 이유가 있다

방정식을 다룰 줄 안다는 건, 싸울 무기가 하나 더 생기는 셈이다. 무기가 하나인 것보다야 두 개인 게 더 낫지 않겠는가! 방정식에만 의존하는 것도 문제지만, 방정식을 무조건 배제하는 건 더 큰 문제다. 방정식으로만 접근할 수 있는 문제도 있기 때문이다.

그런데 방정식을 어려워하는 사람이 많다. 문자와 함께 배우기에 문자 때문이라고 생각하기 쉽다. 그렇지만 더 중요한 이유가 있다. 방정식은 방정식 이전의 수학과 질적으로 다르다. 플러스와 마이너스만큼, 무한대와 무한소만큼 차이난다. 그래서 방정식을 처음 접하는 사람은 어려워하다 못해 당황스러워한다. 어떤 차이 때문에 방정식을 그리 어려워할까?

방정식 이전의 문제들

방정식은 공식적으로 중학수학에서 등장한다. 그러나 요즘에는 초등수학에도 방정식 유형의 문제가 이미 포함되어 있다. 선행학습마저 일반화되어 있어 방정식을 일찍 접한다. 방정식 이전의 수학과 이후의 수학이 섞여 있다. 그래서 방정식 이전의 문제 유형이 어땠는지를 잘 모른다.

초등수학 문제의 기본 유형들은 방정식이 출현하기 이전의 문제들이다. 그 문제들은 기본적으로 '3에다 4를 더하면 그 값이 얼마냐?'고 묻는 식이다.

$$3 + 4 = ?$$

문제가 어려워지더라도 이 패턴 안에서 어려워진다. 복잡한 혼합계산이 대표적이다. 사칙연산과 복잡한 괄호가 들어가 문제는 더 길고 난해해진다. 도형이나 다른 분야의 문제들도 이 패턴 안에서 어려워진다.

문제 1) $24 + \{6 \times 4 - (9-4) \times 2\} \div 7 = ?$

문제 2) 다음과 같은 원기둥의 전개도를 보고, 원기둥의 겉넓이를 구해보세요.

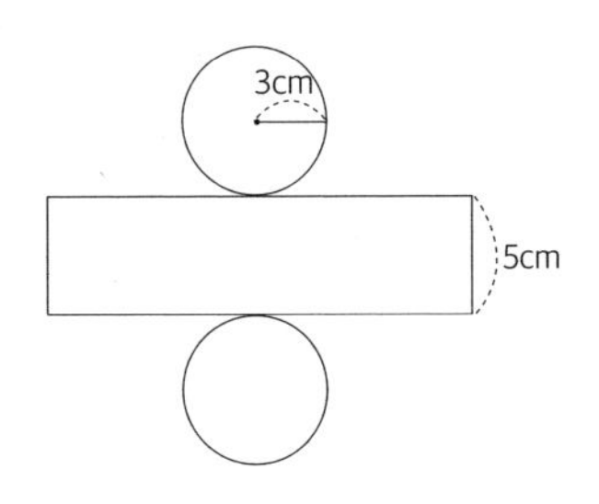

문제 3) A, B, C 세 개의 문자를 규칙에 따라 늘어놓았습니다. 네모 안에 들어갈 알파벳을 쓰고 그 까닭을 말해보세요.

A B B C A A C B B A □

방정식 이전, 원인을 주고 결과를 묻는다

모두 같은 유형의 문제다. 그 유형이란, 어떤 상황을 제시하고 그 결과를 묻는다. 원인과 관련된 수를 알려주고, 알지 못하는 결과의 수를 구하라고 한다. 현재를 알려주고, 미래를 알아내라고 한다. 1, 2, 3, 4를 제시하고 다음 수가 뭔지를 묻는다. '1234형 문제'라고 하겠다.

1234형 문제를 풀려면, 결과를 유도하는 규칙을 파악해야 한다. 주어진 수를 어떻게 조합하고 연결해야 하는지를 알아내는 게 포인트다. 혼합계산에서는 괄호나 사칙연산의 순서를 따라 수를 계산한다. 넓이 문제에서는 도형에 따라 달라지는 넓이 공식에 수를 대입하여 계산한다. 규칙 찾기 문제는 규칙을 먼저 찾아내 그 규칙에 따라 모양이나 수를 배치하면 된다.

1234형 문제들은 3+4처럼, 주어진 수들과 기호로 구성된 계산식이 먼저 나온다. 그 식을 계산하면, 7처럼 하나의 수가 나온다. 그게 답이다. 그러면 등호를 이용해 3+4=7이라고 답을 쓰면 된다. 이런 흐름으로 등식은 나중에 만들어진다. 물이 위에서 아래로 흐르듯 자연스러운 방향이다.

당신이 무대에서 아무리 많이 연습을 하더라도,

번쩍이는 카메라를 들고 소리 지르는

3만 명의 사람들을 방정식에 추가해보라.

그러면 굉장히 강렬해지고 만다.

No matter how much you rehearse on that stage,

once you add 30,000 screaming people

with flashing cameras into the equation,

it's pretty intense.

—

팝가수, 레이디 가가(Lady Gaga, 1986~)

방정식 이전의 문제들은 좌변에 주어진 수들이 등장한다. 그 수들을 이용해 하나의 수를 조합해낸다. 조합해낸 수, 즉 답을 등호로 연결한다. 문제풀이의 진행방향은 왼쪽에서 오른쪽이다. 등호의 방향은 좌변에서 우변이다.

이 유형에서 수식을 구성하는 수들은, 모두 그 크기를 알고 있는 수(기지수)이다. 수식에는 모르는 수(미지수)가 없다. 수식을 세우는 데 거부감이 덜하다. '어떤 수식을 세울 것인가?'가 문제다. 그 수식은 문제에서 제시된 기지수들과 기호로 조합되어 있다. $24+\{6\times4-(9-4)\times2\}\div7$처럼. 이 식을 순서와 규칙에 맞게 계산하면 답이 나온다. 그래서 초등수학에서 배우는 수들은 3, 4, 5처럼 모두 구체적이다. 그 수들을 조합하여 수식을 세우고 계산하면 풀린다.

원인 → 결과

좌변 → 우변

기지수 → 미지수

방정식,
결과를 주고 원인을 묻는다

그렇다면 방정식 문제는 어떤 유형일까? 예를 들어보자.

- 합이 25이고, 차가 1인 두 자연수를 구하여라.
- 정사각형의 넓이에, 그 정사각형 둘레의 4배를 더했더니 45가 되었다. 정사각형의 한 변의 길이는 얼마인가?
- 일차방정식 $4x-5=7$을 풀어라.

방정식 이전의 유형과 다른 점을 찾아보라. 가장 큰 차이는, 모르는 수인 미지수가 문제에 주어져 있다는 것이다. '어떤 수'가 원인의 주인공이다. 그런데 그 크기를 모른다. 반면에 결과 값은 알려져 있다. 원인만 주어진 1234형 문제에서는 없었던 경우다.

방정식 문제들은 하나같이 결과를 통해 원인을 구하라고 한다. 두 수를 주고 합과 차를 구하라거나, 정사각형의 길이를 주고 넓이나 둘레를 구하라고 하지 않는다. $4x-5=7$처럼 4배하고 5를 뺀 결과인 7을 주고서, 그렇게 되는 원인을 구하라고 한다. 방정식 이전의 문제들과는 정반대다. 1234형 문제와 반대인, 4321형 문제다.

시간을 뒤집으려니 힘들다

>

방정식 문제는 결과에서 원인을 구한다. 결과로부터 원인을 알아낸다는 것은, 등호를 오른쪽에서 왼쪽으로 본다는 말이다. 그래야 미지수를 구할 수 있는 계산식을 얻을 수 있다. 미지수가 포함된 식에서 미지수의 값인 답을 구하는 것이다. 그렇게 미지수를 기지수로 바꾼다.

결과 → 원인
우변 → 좌변
미지수 → 기지수

방정식 문제는 방정식 이전의 유형과 정반대다. 방정식을 처음 접하는 사람이 어렵게 느끼는 이유다. 정반대의 근육을 써야 한다. 순리를 뒤집어 시간을 거슬러 올라가야 한다. 자신이 태어난 과거를 향해 강물을 거슬러 올라가는 연어 신세다. 낯설고, 황당하고, 당황스럽다. 그래서 힘들고 어렵다. 아니 어렵다고 느낀다.

미지수 처리가 관건이다

미지수가 있다는 게 방정식 문제의 핵심이다. 문제에서는 어떤 미지수가 숨어 있는지만 알려준다. 하지만 어디 있는지는 모른다. 숨바꼭질과 같다. 어디 있는지 모르니 찾아내기가 힘들다. 수식을 세우는 것부터 잘되지 않는다. 방정식을 배우기 전에 x, y 같은 문자로 된 수를 배우는 것도 미지수 때문이다. 그래야 수식을 세울 수 있으니까!

수식을 세웠다고 하더라도 어려움은 여전하다. 방정식 문제들은 수식을 세웠다고 해서 답을 바로 구할 수 있는 게 아니다. 간단해 보이는 $4x-5=7$과 같은 방정식마저 답을 즉각 구할 수는 없다. 그 과정은 우연히 되지 않는다. 미지수 때문이다. 식을 푸는 특별한 기술과 요령이 있어야 한다. 방정식, 미지수 처리가 관건이다.

지루해지거나 방정식에 막힐 때,

나는 스케이트 타러 가기를 즐긴다.

그것은 문제를 잊어버리게 한다.

그러고 나면 당신은 새롭고 신선한 통찰력으로 문제를 해결할 수 있다.

아인슈타인은 긴장을 풀고자 바이올린 연주하기를 좋아했다.

모든 물리학자들은 이런 여가 활동을 좋아한다.

내 경우는 그게 아이스 스케이팅이었다.

When I get bored, or get stuck on an equation,

I like to go ice skating, but it makes you forget your problem.

Then you can tackle the problem with a fresh new insight.

Einstein liked to play the violin to relax.

Every physicist likes to have a past time. Mine is ice skating.

—

물리학자, 미치오 카쿠(Michio Kaku, 1947~)

10

등호가 방정식을 세운다

방정식은 모르는 수인 미지수를 알아내는 기술이다. 그 기술은 참 기묘하다. 결코 빤하지 않다. 마술의 경지다. 모르는 수를 이용해서 모르는 수를 알아낸다. 말장난 같지만 사실이다. 몰라서 못 푸는 게 아니라, 모르니까 푼다. 그 마술을 익히기 위해 식을 세우는 기술부터 차분히 배우자.

몰라도 아는 척해야 방정식이다

수학 문제를 풀려면 어쨌거나 수식이 있어야 한다. 기호화된 수식이든, 도형처럼 모양으로 된 식이든 뭔가 명확하게 제시되어야 한다. 수식이 문제 해결의 출발점이다. 그런데 방정식 문제는 수식을 세우기가 참 난해하다. 물론 미지수 때문이다. 얼굴도 안 보여주고 초상화를 그리라는 것이니 난감하다.

모르니까 나타낼 수 없다. 방정식 이전의 사람들은 그렇게 생각했다. 그렇게 정직하고 순수했다. 아는 건 안다고 하고, 모르는 건 모른다 하고. 그래서 그들은 방정식 문제에 손을 댈 엄두조차 내지 않았다. 손대지 않았기에 그 어떤 일도 일어나지 않았다. 기적이나 마술도 뭔가를 해야만 일어난다.

마술이 일어나려면 뻔뻔해져야 한다. 마술사들을 보라. 속임수이면서도 속이지 않는 척한다. 표정만으로 보면 진짜인 것 같다. 아무런 속임수도 쓰지 않는 것 같다. 속임수라는 걸 알고 오는 관객이 속아 넘어갈 정도다. 그렇기에 마술사다.

방정식을 세우려면 뻔뻔해져야 한다. 어떤 수를 몰라도 아는 척! 어떤 수인지 알고 있는 것처럼 보여야 한다. 아무런 거리낌이나 부끄러움을 가져서는 안 된다. 부끄러워하면 보는 이들이 믿지 않는다. 믿지 않으면 속지 않고, 마술은 일어나지 않는다.

>

모르는 수를 x라고 한다

모르는 수를 아는 척하는 방법은 간단하다. ○, ■처럼 기호로 표시하면 된다. 요즘은 보통 문자 x로 표현한다. 미지수가 여러 개면 x, y, z처럼 여러 개로 쓴다. x, 아직은 크기를 모르는 '어떤' 수이다. "어떤 수에다가 3을 곱했다. 그리고 그 값에 4를 더했다. 그랬더니 25가 되었다. 그 수를 구하라"의 어떤 수를 x라고 하자. 그러면 $3x+4=25$라는 수식이 마법처럼 튀어나온다.

미지수를 x로 나타내기 시작한 것은 근대 서양에서였다. 15세기 서양에서는 금속 인쇄술이 등장했다. 인쇄술이 보급되면서 자주 사용하는 말이나 기호를 통일해갔다. 그 과정에서 미지수를 나타내는 문자로 x가 채택되었다. 철학자 데카르트의 공이라고들 말한다. x가 인쇄소에서 잘 사용되지 않는 문자였기 때문이라는 설도 있다. 영어의 알파벳 중 하나를 선택했다. 고대에는 대상의 명칭이나 단어 자체가 사용되기도 했다. 이집트에서는 '아하(aha)'라는 말이 사용되었다.

어린 아인슈타인은 대수학을 좋아하지 않았다.

그의 삼촌은 아인슈타인의 호기심을 불러일으키고자 말했다.

"대수학을 탐정소설로 생각하렴.

x는 방정식의 힌트를 통해 밝혀져야 할 범인이란다."

그 아이디어를 완전히 이해하고 나자

아인슈타인은 결코 예전과 같지 않았다.

Young Albert did not like algebra,

and his uncle is supposed to have aroused his curiosity by telling him

to think of it as a detective story,

where x was the criminal who had to be identified

by following the "clues" in the equations.

Once the boy had grasped this idea he never looked back.

—

출처: newscientist.com

x의 정체는 결국 밝혀진다

미지수를 x로 표현한 것만으로 문제가 풀릴까? 어차피 모르는 건 마찬가지 아닐까? 그렇지 않다. 주문을 걸고 나면 x는 곧 수로 바뀐다. 그 주문이 바로 방정식의 해법이다.

미지수를 나타내는 x의 후보가 될 수 있는 수는 무한히 많다. 어떤 수도 그 x가 될 가능성이 있다. 따라서 미지수를 x로 나타냈다고 해서 사정이 나아진 것 같지 않다. 오히려 더 악화된 것 같은 느낌도 든다. 처음에는 모르기는 하지만 하나의 수였는데, 갑자기 모든 수가 돼버렸지 않은가! 그러나 이보전진을 위한 무한후퇴일 뿐이다. 방정식의 해법이라는 주문을 외우고 외우다 보면 후보군이 팍팍 줄어든다. 결국은 하나의 수만 남는다.

등호가 방정식을 세운다

문자 x를 갖고서 방정식 세우기에 돌입하자. '방정식, 어떻게 세워야 하나?'라고 걱정하는 사람이 많을 것이다. 너무 걱정 말라. 방정식을 자신이 세우려고 하니 어려운 것이다. 방정식은 우리가 세우는 게 아니다. 방정식을 세우는 이는 따로 있다. 우리는 방정식이 세워지는 것을 가만히 지켜보며 옮겨 적으면 된다.

누가 방정식을 세울까? 그 주역은 역시 등호다. 방정식은 등호를 따라서 세워진다. 방정식은 기본적으로 등식이라고 했다. 방정식을 세운다는 것은 등호가 포함된 식을 세우는 것이다. 두 개의 대상 사이에 등호를 놓으면 끝이다. 어려워서라기보다 익숙하지 않아 어렵다. 익숙해지면 쉽다.

등호는 수를 대상으로 한다. 수들 사이에서만 등호 사용이 가능하다. 고로 방정식의 대상은 수이거나 수로 바뀔 만한 것뿐이다. 문제에는 온갖 것들이 등장한다. 여러 사람과 다양한 음식, 파란 하늘, 돈, 사랑, 싸움……. 그러나 수와 무관한 것들은 방정식과 무관하다. 헷갈리게 하는 방해물일 뿐이다. 수 외의 것들은 모두 날려버려라.

등호와 함께할 수 있는 수들만이 방정식의 대상이 된다. 그 수들은 등호를 기준으로 좌변 또는 우변에 위치하게 될 것이다. 그 수들을 등호의 좌변이나 우변에 적절히 배치하면 방정식은 완성된다. 어디에 어떻게 배치할 것인가의 문제 역시 등호를 곰곰이 바라보면 된다.

천사가 우리에게 그의 철학에 대해 이야기한다면,

천사의 말 중 많은 것들이

'2×2=13'처럼 들릴 것이라고 나는 믿는다.

If an angel were to tell us about his philosophy,

I believe many of his statements might well sound like '2×2=13'.

—

물리학자, 게오르크 크리스토프 리히텐베르크

(Georg Christoph Lichtenberg, 1742~1799)

방정식,
주인공의 이야기 = 결말

이 그림을 보면 우리는 주저리주저리 이야기를 할 수 있다. 토끼와 거북이가 시합을…… 토끼가 앞서가고…… 토끼가 자만해서 자버리고…… 거북이는 묵묵히 걷고…… 결국 거북이가 이겼다고.

우리는 그림을 보고 이야기를 만들었다. 사실상 등식을 세웠다. 어떤 등식? 과정에 해당하는 긴 이야기와 그 결말 사이의 등식이다. 이야기에는 주인공이 등장한다. 주인공을 둘러싸고 엎치락뒤치락하면서 사건이 벌어진다. 그 사건들이 쌓여서 이야기가 끝난다. 그 끝이 결말이다.

토끼와 거북이 간의 사건들 = 거북이가 이겼다.

주인공 이야기 = 결말

방정식은 수의 이야기다. 좌변에는 수의 이야기가 펼쳐진다. 우변은 그 수의 결말이다. 그 둘의 크기는 같다. 좌변은 수가 겪게 되는 이야기를 표현한 수식이고, 우변은 최종적인 수다. 방정식의 주인공은 어떤 수다. 그 주인공을 보통 문자 x, y로 표현한다.

$3x+4=25$에서 어떤 수는 x다. x의 이야기는 간단하다. 3배가 되었다가 4가 더해진다. 그 결과 25가 된다. $2x^2-3x+1=7$이라면, x는 제곱이 되었다가, 2배가 된 후, 원래 x의 3배만큼 빼지고, 거기에 1이 더해진다. 그러자 7이 되었다. 각각의 방정식에는 주인공과 주인공의 이야기가 담겨 있다. 이야기가 다르면 방정식도 달라진다.

'방정식의 배치'
방정식

수의 이야기인 방정식은 세 가지로 구성된다. 미지수(x), 그 미지수의 변화 이야기(S), 변화 후 결과적인 수(F). S는 Story의 첫 글자, F는 Final number의 첫 글자에서 가져와봤다. 이 세 가지가 다음과 같이 표현된 식이 방정식이다.

$$S(x) = F$$

S(x)는, x라는 수가 겪는 스토리를 의미한다. x가 포함된 수식으로 표현된다. 등장하는 미지수가 x, y라면 S(x, y), 미지수가 x, y, z라면 S(x, y, z)가 될 것이다. S(x)의 값은 결국 F와 같아진다. 방정식은 그렇게 탄생한다. S(x)=F는 '방정식이 만들어지는 배치'를 표현해본 우리만의 방정식이다.

11

방정식은 디테일에 있다

방정식은 스토리에 따라 달라진다. '아주 많이'로 표현된 스토리와 그냥 '많이'로 표현된 스토리는 다르다. 느낌의 강도가 다르다. 고로 수식도 달라야 한다. 스토리의 세세한 표현과 강도까지도 방정식에 반영될 수 있을까? 그렇다. 다양한 수식, 수식과 수식의 결합을 통해 스토리의 디테일과 강도, 세기 등을 표현한다.

x, $10x$, $\frac{1}{6}x$를 보자. x에 1을 넣을 경우 1과 10, $\frac{1}{6}$이 된다. 수식이 다르니 그 결과 값이 다르다. $3(x+5)^2$에 1을 대입하면 108이 된다. 아예 식을 합쳐보자. $3(x+5)^2+\frac{1}{6}x$에 1을 대입하면 $108\frac{1}{6}$이다. 다양한 수식은 곧 디테일이다.

방정식은 수식을 통해 스토리의 세세한 상황을 표현한다. 그래서 좀 더 복잡하고 어려운 수식을 자꾸 배우는 것이다. x, $3x$, $x/5$, $\sqrt{2}/x$, x^2, $4x^3$, $3x+5$, $x^2+5x-10$, $(2x-5)/(x^2-x+3)$, 삼각함수, 지수함수, 로그함수……. 수식 하나를 더 알면, 방정식은 백 배 정교해진다.

다양한 수식, 복잡한 수식은 곧 정밀함이자 디테일이다. 악마만이 디테일에 있는 게 아니다. 방정식도 디테일에 있다. The equation is in the details.

방정식 세우는 순서

방정식은 인과관계를 따라 세워진다. cause and effect! 어떤 일을 야기한 것과 그로 인한 결과다. 원인은 하나가 아니라 여러 개일 수 있다. 여러 개의 원인들이 얽히고설켜 영향을 미쳐 결과에 이른다. 이 모든 과정을 수식으로 정확히 표현하면 된다.

0. 수로 표현 가능한 것들만 따진다.
1. 인과관계에 따라 이야기를 만든다.
2. 원인과 결과가 무엇인지를 구분한다.
3. 원인의 이야기를 수식으로 표현해 등호의 좌변에 놓는다.
4. 결과 값을 등호의 우변에 놓는다. 끝!

인과관계는 딱 하나로 정해져 있지 않다. 사람에 따라, 관점에 따라 달라지기도 한다. 같은 우주를 보면서 천동설을 믿는 사람이 있는가 하면, 지동설을 믿는 사람도 있지 않은가. 누군가에게는 보이는데, 누군가에게는 보이지도 않는다. 아인슈타인 같은 사람들이 잘했던 게 인과관계 파악이다. 통찰력으로 쉽고 간단한 방정식을 제시해버린다. 하지만 로마는 결코 하루아침에 이뤄진 게 아니다. 연습을 거듭할수록 훌륭한 방정식이 튀어나온다.

정확한 방정식, 실재를 정확히 보여준다

정확한 방정식은 대상이나 현상의 움직임을 그대로 반영한다. 그런 방정식은 대상의 움직임 그 자체와 같다. 대상이 움직이는 대로 방정식이 움직이고, 방정식이 달라지면 대상도 달라지는 것이다. 그런 방정식은 대상에 대해 많은 정보를 제공해준다. 보지도 못하고 알지도 못하던 대상을 보여주고 알려준다. 블랙홀이 그러했다.

그래서 과학자들은 방정식에 집착한다. 자신의 방정식이 틀림없다고 믿는 과학자는 실제 우주보다 자신의 방정식을 더 신뢰하기도 한다. 방정식이 맞으면 우주도 맞고, 방정식이 틀리면 우주가 틀렸다고 말할 정도다.

입자물리학의 표준모형은 힘과 입자들을 잘 묘사한다.
그러나 그 방정식에 중력을 집어넣으면 모든 것이 깨져버린다.
그 방정식이 잘 작동하도록 적절하게 조절해야만 한다.

The standard model of particle physics describes forces and particles very well, but when you throw gravity into the equation, it all falls apart. You have to fudge the figures to make it work.

—

물리학자, 리사 랜들(Lisa Randall, 1962~)

방정식의 일반적인 형태 $f(x)=0$

미지수가 x 하나인 방정식은 무한히 많다. $4x-5=5$, $2x-3=10$, $2x+3=x^2$……. 이 모든 방정식들을 간단히 $f(x)=0$으로 대표해 표현한다. f는 함수를 나타내는 function의 첫 글자다. $f(x)=0$은 x를 포함한 어떤 식이 0과 같은 방정식이라는 뜻이다. 하지만 $f(x)$가 0이 아닌 다른 식과 같을 수도 있지 않나? 물론 그렇다. 그래도 그 모든 식은 $f(x)=0$의 형태로 치환된다. $4x-5=5$는 $4x-10=0$이 되고, $2x+3=x^2$은 $x^2-2x-3=0$이 된다. 그래서 방정식을 $f(x)=0$으로 나타낸다.

미지수가 두 개, 세 개 혹은 그 이상일 수도 있다. 미지수의 개수만큼 서로 다른 문자가 필요하다. 미지수가 x, y 두 개인 방정식은 $f(x, y)=0$이다. x, y, z가 미지수라면 $f(x, y, z)=0$이다. ( ) 안에 문자의 종류를 적어주면 된다. $f(x)=0$, $f(x, y)=0$ 같은 형태를 보면 '아, 미지수가 x인 또는 x, y인 방정식이로구나'라고 생각하면 된다.

방정식,
익숙해질 때까지 연습을!

방정식을 잘 다루기까지는 상당한 시간과 연습이 필요하다. 많이 다뤄볼수록 잘 하는 법이다. 익숙해질 때까지 연습하는 수밖에 없다. 방정식을 배울 때 기본적으로 나오는 문제 하나를 풀어보시라. 고대 그리스 수학자 디오판토스의 나이를 맞추는 문제다. 3세기경 인물인 그는 방정식에 공헌을 많이 했다. 지금의 문자에 해당하는 기호도 사용했다. 디오판토스 방정식이라고 불리는 방정식이 있을 정도다.

"보라! 여기에 디오판토스 일생의 기록이 있다. 그 생애의 1/6은 소년이었고, 그 후 1/12이 지나서 수염이 나기 시작했고, 또다시 1/7이 지나서 결혼했다. 그가 결혼한 지 5년 뒤에 아들이 태어났으나 그 아들은 아버지의 반밖에 살지 못했다. 그는 아들이 죽은 지 4년 후에 죽었다. 그는 몇 살까지 살았을까?"

위험과 실패는 우리 방정식의 일부분이다.

만약 당신이 극히 적은 실패를 맛보고 있다면,

당신은 사실상 위험을 충분히 감수하고 있는 게 아니다.

Risk and failure is a part of our equation,

and if you are seeing too little failure,

you are actually probably not taking enough risks.

—

사업가, 피터 배리스(Peter Barris, 1952~)

12

왜 '방정식을 푼다'고 말할까?

방정식을 세운 다음 할 일은 '미지수의 값'을 알아내는 것이다. 방정식이 참이 되게 하는 그 값을 찾아내야 한다. 그 값을 알아내기 위해 방정식을 세운 것이었으니까. 수학자 캐서린 존슨이 그 많은 방정식을 세웠던 이유는 우주선의 귀환 타이밍 x를 알고자 함이었다. 이렇듯 방정식으로부터 미지수의 값을 알아내는 것을 '방정식을 푼다'고 한다. 왜 그렇게 말하는 걸까?

'방정식을 푼다'는 영어 'solve an equation'의 번역어일 것이다. solve는 어떤 문제나 사건의 원인을 밝혀내는 것이다. 범인을 밝혀 범죄를 해결하는 경우(solve a crime) 또는 미스터리를 풀어내는 경우(solve a mystery)에 사용된다. 범죄나 미스터리는 결과이고, 범인이나 진상은 원인이다. 결과를 초래하는 원인을 밝혀내는 게 solve다. 그래서 solve an equation이다. 결과를 초래하는 미지수 x의 값을 알아내는 것이니까!

방정식을 풀어내 알아낸 그 값을 근(根, 뿌리)이라고 한다. 뿌리를 뜻하는 영어 root를 번역한 말이다. 뿌리로부터 나무가 만들어지듯 그 값만이 방정식을 참으로 만들기 때문일 것이다. 그 값만이 방정식을 살아 움직이게 한다.

한편 '해(解)'라는 말도 있다. 해는 그 뜻 자체가 '풀다'이다. 풀어내는 행위이자, 그 행위의 결과다. 이 해라는 말은 방정식을 풀어내는 과정을 직관적으로 표현해준다. 왜냐고? 해는 소의 살과 뼈를 따로 발라내는 것을 뜻하는 한자다. 그런데 방정식을 풀어내는 과정이 마치 소의 살과 뼈를 발라내는 것과 같다. 방정식을 가르고 발라내면서 답을 구한다. 곧 확인하게 될 것이다.

방정식이 풀려야, 수학도 풀린다

방정식은 수학의 기본이다. 거의 모든 수학문제가 방정식과 연관되어 있다. 방정식을 풀지 못하면 수학문제의 대부분을 풀어내지 못한다고 봐도 될 정도다. 그렇기에 수학은 방정식의 해법을 얻어내고자 많은 공을 들였다. 특히 5차 이상의 방정식 해법이 존재하는지의 여부는 현대수학으로 이어지는 중요한 문제였다. 기본적인 방정식이라지만, 그 해법이 쉽지만은 않다. 아직까지 풀어내지 못한 방정식도 많다.

밀레니엄 문제라고, 미국의 클레이재단에서 선정한 7개의 수학난제가 있다. 중요도와 영향력, 다른 분야와의 관련성 등을 고려했다. 21세기에 해결되어야 할 핵심문제로 2000년에 선정되었다. 각 문제당 상금이 100만 달러나 된다. 방정식을 푸는 것과 관련된 문제도 있다. 나비에-스토크스 방정식, 버치-스위너턴다이어 추측이 그렇다. 많이 활용되고 있는 문제여서 그 해법이 매우 중요하다.

가장 단순한 방정식부터!

방정식의 형태는 무한히 많다. 그렇기에 방정식을 풀어내는 방법도 천태만상일 것 같다. 이렇듯 경우의 수가 무한히 많을 때, 수학에서 아주 잘 써먹는 방법이 있다. 가장 쉽고 간단한 문제부터 시작하는 것이다. 가장 단순한 문제의 해법을 먼저 찾는다. 그리고 그 해법을 확장해가면서 복잡하고 어려운 문제를 차차 해결해간다. 복잡하고 어려운 문제를 쉽고 간단한 문제들의 조합으로 보는 것이다. 그러면 신기하게도 문제가 술술 풀린다.

가장 단순한 방정식은, 미지수 문자가 하나인 일차방정식이다. $3x+4=25$, $5-4x+9=0$과 같은 꼴이다. 이 문제의 해법부터 시작해보자. $3x+4=25$를 풀어보자.

이 미분방정식을 풀기 위해서

당신은 그 방정식을 주의 깊게 살펴봐야 한다.

답이 떠오를 때까지!

In order to solve this differential equation,

you look at it until a solution occurs to you.

—

수학자, 조지 폴리아(George Polya, 1887~1985)

수를 직접 넣어보는, 수치대입법

방정식 문제를 맨 처음 접한 사람들이 거의 다 시도하는 방법이 있다. 미지수에 여러 가지 수치들을 직접 대입해서 해를 찾아내는 것이다. 이 수치대입법은 방정식 이전의 문제에 익숙한 사람들에게 매우 자연스럽다. 원인을 통해 결과를 구하는 문제만 접해봐, 그 방식만으로 생각하기 때문이다.

$3x+4=25$를 수치대입법으로 풀어보자. x에 수를 넣어보면서 결과가 25가 되는 수를 찾는다. 1부터 넣어보자.

$$3x+4\text{에서, } x=1 \rightarrow 3\times1+4=7$$

x에 1을 넣었더니 7이다. 원하는 값 25에 한참 부족하다. 다른 수를 넣어야 한다. 고민할 것 없이 2부터 쭉 넣어보겠다.

x	2	3	4	5	6	7	8	9	…
3x+4	10	13	16	19	22	25	28	31	…

x의 값이 달라지면서 $3x+4$의 값도 달라진다. 그중 우리가 원하는 건, 25가 되게 하는 x다. 그 x는 7이다.

수치대입법에는 특별한 요령이나 기교가 필요 없다. 필요한 건 정확한 계산이다. 효과적인 수치대입법이 있기는 하다. 무조건 대입하는 게 아니라 추세를 봐가며 해가 될 법한 수를 대입해 보는 것이다. 앞에서 예로 든 $3x+4=25$ 문제 같으면 1을 넣어보고 2가 아니라 5나 10 같은 더 큰 수를 넣어본다. 원하는 값보다 큰지 작은지를 보고 그 다음 대입할 수를 정한다. 이때 추세를 잘 파악해야 한다. 값들이 계속 증가하는지, 감소하는지, 변화가 있는지. 그렇게 범위를 좁혀가면서 수를 대입하면 해를 찾기가 더 수월해지곤 한다.

수치대입법, 식이 복잡해지면 써먹기 어렵다

$$\frac{13}{23}x - \frac{10}{11} = 4$$

$$3x^2 - \frac{7}{33}x + 2 = -3.2947121$$

$$\sqrt{3}x^2 + 4.2831x - \frac{3}{313} = 0$$

방정식은 방정식이되, 식이 좀 복잡하다. 분수와 소수가 있고, 이차식이고, 무리수까지 포함되어 있다. 이런 방정식을 수치대입법으로 풀어보라. 한 문제만 풀어도 욕이 튀어나올 것이다. 이런 방정식 앞에 성인군자란 있을 수 없다. 수치대입법이 통용될 수 있는 땅은 넓지 않다.

변화의 경향을 안다면 그나마 다행이다. 그렇지 않다면 한양에서 김서방 찾겠다는 꼴이다. 삽질만으로 태산을 옮겨보겠다는 격이다. 범죄가 일어난 시각과 장소에 있었던 모든 사람들의 동선을 하나하나 추적해 범인을 찾아내겠다는 것과 같다. 아이디어의 쾌감과 짜릿함을 전혀 맛볼 수 없다.

수치대입법, 손쉽게 떠올릴 수 있는 아이디어다. 하지만 그 한계 또한 손쉽게 찾아온다. 식이 조금만 복잡해지면 써먹기는 어려워진다. 그 경우 다른 아이디어가 있어야만 한다. 역사적으로도 그랬다. 방정식 문제의 처음 해법은 수치대입법이었다. 그러다 다른 방법을 찾아나섰다.

13

방정식을 푼다 = 방정식을 변형한다

수치대입법은 자연스러운 방식이다. 물이 위에서 아래로 흐르고, 시간이 현재에서 미래로 흘러가듯이 말이다. 대입해보며 결과를 확인해가니 자연스럽다. 수치대입법은 수식을 실제 상황과 겹쳐서 본다. 문제의 상황이 무엇이었는지를 생각하며 문제를 바라본다. 문제의 풀이 역시 실제 상황을 따라 전개된다. 원인으로부터 결과를 이끌어내는 자연스러운(?) 방식으로 생각한다. 고로 다른 방법은 수치대입법과는 달라야 한다. 어느 한 군데라도 자연스럽지 않은 구석이 있어야 한다.

>

무미건조하게, 형태만 바라보라

다른 방법에는 다른 관점이 필요하다. 그 관점은, 방정식으로부터 방정식의 의미와 내용을 떼버리는 것이다. 오직 방정식만 바라본다. 방정식으로부터 방정식이 표현해낸 실제 상황을 제거하고, 방정식에만 치중한다. 더 구체적으로는 방정식의 형태에만 집중한다. 내용이 아닌 껍데기만 살펴본다. 그러면 문제가 훨씬 단순해진다. 그 단순함이 문제 해결의 열쇠다. 무미건조한 눈빛이 답이다.

무미건조라고 하면 보통 재미없고 심심하고 딱딱하다고 느낀다. 부정적인 뉘앙스다. 기계나 로봇 같은 이미지다. 생명체와는 반대다. 생명체는 맛있고, 생기 있고, 풍부한 감성을 지녔다. 다미다습하다. 흔히 방정식이나 수학도 무미건조하다고 말한다. 수나 문자, 수식을 보라. 색깔도, 색감도, 재미도, 그림 같은 풍경도, 그윽한 신비함도 없다. 그 어떤 이미지도 떠오르지 않는다. 무미건조하다.

그런데 이 세상에 절대적으로 좋고, 절대적으로 나쁜 건 없다. 고로 무미건조해서 좋은 경우도 있다. 환자들은 의사들에게

고통을 호소한다. 너~~~무 아프고 힘들다고. 그런데 의사들은 상대적으로 덤덤하다. “그러시군요” 하며 비교적 무미건조하다. 의사들은 아픔이나 질병을 치료하는 게 목적이다. 그러려면 환자들의 다이내믹한 감정으로부터 떨어져 있어야 한다. 냉철하고, 객관적이며, 독립적이어야 한다. 무미건조해져야 사태를 제대로 바라보며 문제를 해결할 수 있다.

방정식이나 수학이 무미건조해지는 것은, 의사가 냉철해지는 것과 같다. 문제를 해결하기 위해, 문제 해결에 관련된 요소만 바라보는 것이다. 그 요소란 수 또는 수식이다. 다른 요소는 다 배제한다. 환자의 아우성을 배제하는 의사처럼, 방정식은 수식의 내용과 의미를 배제한다. 식의 형태만 보면서 방정식의 해를 구할 수 있는 방법만 생각한다. 그러면 의외로 문제 해결의 기미가 보인다.

방정식을 푼다는 것,
식의 형태를 바꾸는 것이다

형태에 주목해 방정식을 푼다는 게 뭔지 이해해보자. 일차 방정식 $3x+4=25$가 있다. 수치대입법으로 구한 이 방정식의 답은 7이었다. 수치대입법이 아닌 방법으로 하더라도 해는 같아야 한다. 방법이 다른 것이지, 해가 다른 건 아니다. 우리의 목표는 $3x+4=25$로부터 $x=7$을 얻어낼, 새 방법을 찾는 것이다.

어떻게?

$$3x+4=25 \longrightarrow x=7$$

$3x+4=25$를 풀면 $x=7$이다. 그사이의 역할을 한 것이 해법이다. 해법의 역할은 $3x+4=25$로부터 '$x=7$'을 얻어내는 것이다. 이 과정을 형태로만 달리 말해보자. 해법을 통해 우리는 $3x+4=25$로부터 '$x=7$'을 얻어냈다.

해법이란, 식의 형태를 변형하는 것에 불과하다. 주어진 식을 $x=7$처럼 '$x=$수' 꼴로 변형해내는 게 해법이다. 이때의 수는 2, 3/5, -0.4, $\sqrt{3}$처럼 크기를 알 수 있는 구체적인 수다. '$x=$수'인

꼴로 바꾸기만 하면 방정식은 풀린다. 왜냐고? '$x=$수'가 말하는 바는, 이 방정식의 해인 x가 그 수라는 거니까.

x의 해가 7이다. → $x=7$

$x=7$ → x의 해가 7이다.

$$
\begin{aligned}
nV^2 = \sum_{i=1}^{n}(R_i - \bar{R})^2 &= \sum_{i=1}^{n} R_i^{\,2} - 2\bar{R}\sum_{i=1}^{n} R_i + n(\bar{R})^2 \\
&= \sum_{i=1}^{n} R_i^{\,2} - n(\bar{R})^2 \\
&= \sum_{i=1}^{n} W_i^{\,2} - \left(\sum_{i=1}^{n} \frac{R_i}{\sqrt{n}}\right)^2 \\
&= \sum_{i=1}^{n} W_i^{\,2} - W_1^{\,2} \\
&= \sum_{i=2}^{n} W_i^{\,2}
\end{aligned}
$$

수학책의 한 장면이 아니다.

프랑스 화가 베르나르 브네(Bernar Venet)의 그림이다.

수식이 다른 수식으로 변형되면서 풀리고 있다.

식을 변형한다는 것, 쉬운 기술이 아니다.

기발함과 창의력이 요구되는 예술의 경지다.

그래서 그림으로 표현한 걸까?

—

방정식의 형태를 바꿔도 되나?

주어진 방정식을 'x=수' 형태로 변형해내는 것이 새 해법의 목표다. x가 무엇인지는 묻지 않는다. 그저 방정식을 원하는 꼴로 변형해내는 게 전부다. 새 방법을 기계적 조작법이라 부르겠다. 재미있거나 신비스러운 말은 아니다. 그저 기계처럼 주어진 규칙에 따라 식을 조작해 변형한다는 뜻이다.

방정식의 조작과 변형은 레고놀이와 같다. 처음 주어진 방정식은 일정한 모양으로 조립되어 있는 완성품이다. 기계적 조작법은 그걸 분해하여 원하는 형태로 재조립한다. 공룡을 분해하여 자신이 원하는 형태인 로봇으로 바꾸는 것이다. 방정식에서는 'x=수' 모양으로 바꾼다. 분해하고 재조립하는 순서는 달라도 된다. 'x=수'라는 로봇으로 재조립하기만 하면 끝이다.

어떤 일차방정식도 'x=수' 형태로 변형이 가능하다. 아주 쉽고 간단하다. 3x+4=25를 변형해 풀어보겠다.

$$3x+4=25 \quad \rightarrow \quad \text{양변에 4를 빼준다.}$$

$$(3x+4)-4=(25)-4 \quad \rightarrow \quad \text{수끼리 계산한다.}$$

$$3x=21 \quad \rightarrow \quad \text{양변을 3으로 나눈다.}$$

$$(3x)\div 3=(21)\div 3 \quad \rightarrow \quad \text{수끼리 계산한다.}$$

$$x=7$$

맨 나중에 나온 식을 보라. 우리가 얻어내고자 했던 'x=수' 형태다. $x=7$, x의 해는 7이다. 방정식을 푼 것이다. 여기서 우리는 한 가지를 궁금해해야 한다. 그 질문이 바로 수학 좀 한다는 사람의 징표다. 맘대로 이렇게 조작해도 되나? 수학은 근거와 이유를 따진다. 근거 없이 전개해가면 규칙 위반, 곧 탈락이다. 수학의 세상은 근거와 이유의 땅 위에서만 세워진다.

방정식 조작의 근거는 바로 등호

(넓은 의미로) 방정식은 등호가 포함된 식이라고 했다. 방정식의 여정은 등호로 시작된다. 그 여정의 마무리는 방정식의 해를 구하는 작업이다. 그 작업의 핵심은, 식을 조작해 'x=수' 형태로 변형하는 것이다. 이 핵심적인 일을 누가 할까? 우리가 하는 것 같지만 그렇지 않다. 그 일 역시 등호가 한다. 방정식의 마무리도 오롯이 등호의 몫이다. 우리는 그저 옆에서 지켜볼 뿐이다.

앞에서 이야기한 등호의 의미를 기억할 것이다. 양변의 수가 같다는 뜻이다. 양쪽의 수가 같기만 하다면 등호 관계는 항상 유지된다. 이 점이 바로 방정식을 변형할 수 있는 근거다. 맘대로 바꾸되, 양쪽의 수만 같게 하면 된다.

같은 크기의 다른 방정식으로

기계적 조작법은 수식을 변형한다. A를 B로 바꾸고, C로 바꾸고……. 등호가 하나의 식을 다른 식과 연결해가는 것과 같다. A=B=C=……. 이와 같은 식의 변형은 크게 두 가지 경우로 나뉜다.

방정식의 변형1은 같은 크기의 다른 방정식으로 바꾸는 것이다. 2+3=5=1+4=1/2+4.5=……처럼 말이다. $4x+4-2x-3=5$라는 방정식의 좌변을 변형하겠다. $4x$는 $2x+2x$와, 4는 3+1과 크기가 같다. 고로 $4x+4=2x+2x+3+1$이다. 이 관계를 이용하면 아래처럼 방정식을 변형할 수 있다. (해를 구하는 것은 방정식의 변형2에서.)

$$4x+4-2x-3=5$$
$$(2x+2x+3+1)-2x-3=5$$
$$(2x-2x)+2x+(3-3)+1=5$$
$$2x+1=5$$

오늘날의 과학자들은 실험을 수학으로 대체해버렸다.
그들은 이 방정식에서 저 방정식으로 이리저리 돌아다닌다.
그러고는 결국 실재와는 아무런 관계가 없는 구조를 구축한다.

Today's scientists have substituted mathematics for experiments,
and they wander off through equation after equation,
and eventually build a structure which has no relation to reality.

—

발명가, 니콜라 테슬라(Nikola Tesla, 1856~1943)

다른 크기의 다른 방정식으로

방정식의 변형2는 크기가 다른 수식으로 변형하는 것이다. 물론 등호의 성질 때문이다. 평형을 이루고 있는 양팔저울을 생각하자. a=b이다. 양쪽에 똑같은 무게의 c를 각각 더 올려놓는다. 무게에 변화는 있지만 양쪽의 무게는 똑같을 것이다. 여전히 평형이다. 즉 a+c=b+c이다. 같은 무게를 빼도 마찬가지다. a−c=b−c. 등호의 양변에 똑같은 수를 더하거나 빼도 등호는 성립한다.

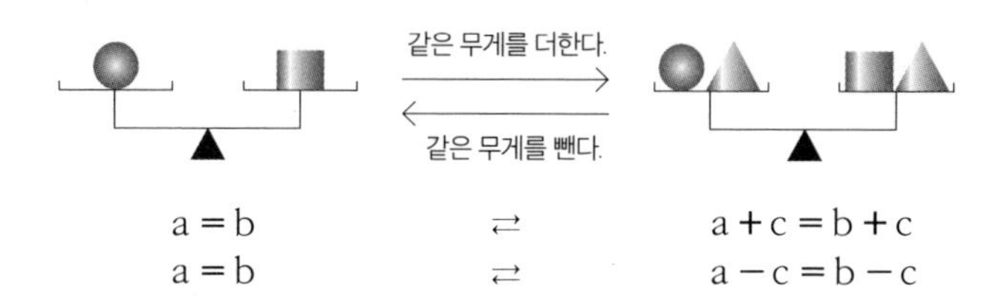

방정식의 변형2는 곱셈과 나눗셈에 대해서도 성립한다. 양팔저울의 좌측에 a를, 우측에 b를 하나씩 더 올린다. 좌측은 2a, 우측은 2b다. 그래도 양팔저울은 평형을 이룬다. 2a=2b이다. 등호의 양변에 같은 수를 곱해도 등호는 성립한다. 나눗셈도 결국 역수의 곱셈이기에, 나눗셈에 대해서도 곱셈과 마찬가지로 성립한다. $a \div c = a \times \frac{1}{c}$.

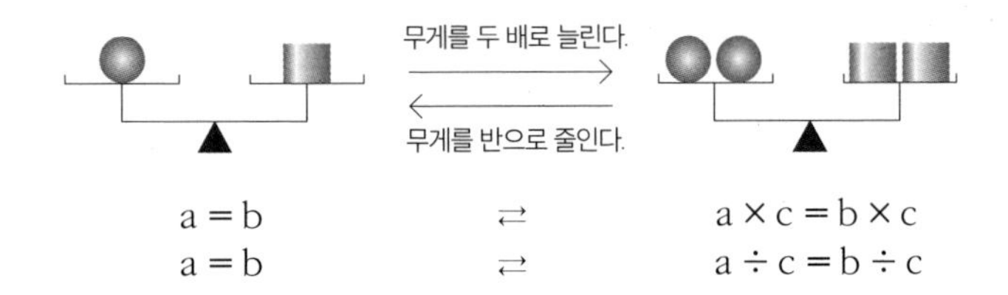

방정식의 형태를 변형하면 방정식이 풀리더라

$4x+4-2x-3=5$라는 방정식은 식의 변형1을 통해 $2x+1=5$로 변형되었다. 이 식에 식의 변형2를 적용하면 해를 구할 수 있다.

$2x+1=5$	① 양변에 1을 빼준다.
$(2x+1)-1=5-1$	② 괄호를 푼다.
$2x+1-1=5-1$	③ 식을 계산한다.
$2x=4$	④ 양변을 2로 나눈다.
$(2x)\div 2=4\div 2$	⑤ 식을 계산한다.
$x=2$	

변형1과 변형2를 적용하면 하나의 식으로부터 무수히 많은 식을 변형해낼 수 있다. 상황에 맞게 방정식을 변형해가면 된다. '$x=$수' 형태를 향해!

$$a=b \rightarrow a+c=b+c \rightarrow k(a+c)=k(b+c) \rightarrow k(a+c)$$

$-p = k(b+c) - p \rightarrow \{k(a+c) - p\} \div q = \{k(b+c) - p\} \div q \rightarrow$

……

주의사항이 있다. 같은 수를 더하거나, 빼거나, 곱하거나, 나눠줄 때는 식 전체에 대해서 해야 한다. 통째로 해야지, 식의 일부만 조작하면 안 된다. 양팔저울이 기울어져버린다.

$$2x - 3 + 2 = 6$$

$$(2x - 3 + 2) + 3 = 6 + 3 \qquad \text{(O)}$$

$$2x - 3 + 3 + 2 = 6 \qquad \text{(X)}$$

$$2x - 3 = 6$$

$$(2x - 3) \div 2 = 6 \div 2 \qquad \text{(O)}$$

$$2x \div 2 - 3 = 6 \div 2 \qquad \text{(X)}$$

인생의 방정식에서 한계란 존재하지 않는다.

In the equation of life, the limit does not exist.

—

시인, 알렉산더 포시(Alexander Posey, 1873~1908)

14

일차방정식만 풀면, 모든 방정식을 풀 수 있다

방정식의 해법을 공략해가자. 어디에서 시작해야 할까? 무한히 많은 방정식을 일일이 상대할 수는 없다. 일정한 기준에 따라 범주를 나눈 후에 각 범주별로 공략해가는 것이 좋다. 그 기준은 미지수의 차수다. x, x^2, x^2……. (일단 미지수가 하나인 경우만을 다룬다.) 일차방정식, 이차방정식, 삼차방정식……. 먼저 일차방정식부터다.

방정식의 일반형

>

일차방정식은 방정식 중에서 가장 단순하다. 차수가 낮고, 방정식을 구성하는 요소도 간단하다. 간단한 만큼 해법을 찾아내기가 가장 용이한 방정식이라고 할 수 있다. 하지만 이 방정식의 해법은 매우 중요하다. 이차 이상의 방정식은 결국 일차방정식의 해법을 응용하여 풀기 때문이다. 그 오묘한 과정은 뒤에서 보겠다.

$3x+4=0$, $2y-3=3+y$는 미지수가 하나인 일차방정식이다. 가장 높은 차수의 항이 일차다. 일차방정식도 무한히 많아 일일이 상대할 수 없다. 뭔가 묘수가 필요하다. 이런 경우 일반형이라는 개념이 유용하다. 모든 일차방정식을 아우를 수 있는 형태를 상대하는 것이다.

일차방정식은 단 두 가지 요소로 구성된다. 미지수가 일차인 항과 미지수가 없는 상수. 그래서 일차방정식의 일반형은 보통 $ax+b=0$이다. $2x+3=7x-8$ 같은 방정식도 정리하면 $5x-11=0$처럼 $ax+b=0$으로 표현된다. x 대신에 y, z처럼 다른 미지수가 와도 상관없다. a, b의 값에 따라 천차만별의 일차방정식이 만들어진다. 이 일반형을 상대로 해서 일차방정식의 해법을 찾아내면 된다.

A가 인생에 있어서의 성공이라면, A는 x+y+z의 합과 같다.

x는 일이고, y는 놀이이며, z는 입을 꾹 다물고 있는 것이다.

If A is a success in life, then A equals x plus y plus z.

Work is x; y is play; and z is keeping your mouth shut.

—

물리학자, 알베르트 아인슈타인(Albert Einstein, 1879~1955)

일차방정식 $ax+b=0$의 해, $a \neq 0$인 경우

일차방정식의 일반형 $ax+b=0$의 해를 구해보자. 우리는 기계적 조작법을 사용할 것이다. 주어진 식을 조작해 '$x=$수'라는 형태로 변형하면 된다. 일차방정식의 해법이 중요하기에 꼼꼼하게 살피겠다. 등호를 유지하는 한, 식을 맘대로 조작할 수 있다는 원리를 맘껏 활용한다.

$ax+b=0$ ① 양변에서 b를 빼준다.

$(ax+b)-b=0-b$ ② 계산한다.

$ax=-b$ ③ 양변을 a로 나눈다. (단, $a \neq 0$)

$ax \div a=(-b) \div a$ ④ 계산한다.

$$x=-\frac{b}{a}$$

'$x=$수' 형태가 나왔다. $x=-\frac{b}{a}$로부터 우리는 일차방정식 $ax+b=0$의 해가 $-\frac{b}{a}$라는 걸 알게 됐다. 단, 이 해는 $a \neq 0$인 경우다. 그래야 양변을 a로 나눌 수 있기 때문이다. $a=0$인 경우는 별도로 따져봐야 한다.

일차방정식 $ax+b=0$의 해, $a=0$인 경우

$a=0$인 경우, 해를 결정짓는 요인은 b다. b가 어떤 값이냐에 따라 달라진다. b가 0인지 아닌지의 두 경우로 나눠 풀어야 한다.

$a=0$이고 $b=0$인 경우,

$ax=-b$ → $a=0$, $b=0$을 대입

$0 \cdot x=0$ → 계산한다.

$0=0$ → 모든 x에 대해서도 항상 성립한다. 항등식

부정인 경우

$a=0$이고 $b \neq 0$인 경우,

$ax=-b$ → $a=0$, $b \neq 0$을 대입

$0 \cdot x=-b$ → 계산한다.

$0=-b$ → 0이, 0이 아닌 $-b$와 같다는 뜻

불능인 경우

일차방정식의 해를 기계적으로 구할 수 있다

정리해보자. 일차방정식 $ax+b=0$의 해는 크게 세 가지다.

$a\neq0$인 경우, $x=-\frac{b}{a}$ ------------------------ ①

$a=0$인 경우, $b=0$이면 해는 모든 수 ------ ②

$b\neq0$이면 해는 불능 --------- ③

일차방정식은 위처럼 모두 풀린다. 어떤 일차방정식도 위의 세 가지 경우 중 하나에 해당된다. a와 b의 값만 알면 셋 중 하나를 적용해 해를 구한다. 고민하고 말 것도 없다. 정해진 절차와 공식에 수만 대입하면 된다. 기계적으로 분류하고, 기계적으로 대입하면 끝. 그래서 기계적 조작법이다.

15

이차방정식,
일차방정식으로
가볍게 푼다

이제 $x^2-2x-3=0$과 같은 이차방정식이다. x를 두 번 곱한 x^2이 있어서 이차다. $x^2=x \cdot x$. 해법을 구하기 위해 먼저 해야 할 일이 있다. 싸워야 할 적이 누구인지를 밝혀야 한다. 어떤 이차방정식도 포함되는 이차방정식의 일반형을 먼저 구하자. 이차방정식에는 세 가지 형태의 식이 포함된다. x^2이 있는 항, x만 있는 항, 미지수가 전혀 없는 항. 그래서 일반형은 $ax^2+bx+c=0$이다.

이차방정식의 해법이라면, $ax^2+bx+c=0$으로부터 'x=수'를 유도할 수 있는 방법이다. 막연하나마 그 길이 보이는가? 아마도 막막할 것이다. 일차방정식의 경우는 그래도 뭔가 가능해 보였다. 일차식으로부터 일차식인 'x=수'를 유도하는 것이었으므로 어떻게 하면 될 것 같았다. 그런데 이차식으로부터 일차식인 'x=수'를 유도하려니 길이 보이지 않는다. 그래서 힌트를 주겠다. 어쨌거나 일차방정식의 해법을 써먹어라!

이차방정식으로부터 일차방정식을 유도하라

우리에게는 일차방정식의 해법이라는 돌멩이 하나가 있다. 그 돌멩이로 이차방정식이라는 골리앗을 쓰러뜨려야 한다. 수학은 이차방정식만을 위한 해법을 따로 만들지 않았다. 오히려 일차방정식의 해법을 이차방정식의 해법과 연결하는 방법을 택했다. 그러려면 이차방정식으로부터 일차방정식을 얻어내야 한다. 그러면 그 일차방정식으로부터 'x=수'를 유도할 수 있다.

?

$ax^2+bx+c=0$ 형태 → $px+q=0$ 형태 → x=수

이차방정식 → 일차방정식 → 해

주문을 외우자. 이차식으로부터 일차식을, 이차식으로부터 일차식을! 그러면 방정식은 풀리리라. 이차식으로부터 일차식을 얻어내는 것, 원리적으로는 가능할 것 같다. 왜냐고? 등호의 쌍방향성을 상기해보라. $(x+2)(x+3)$처럼 일차식 두 개를 곱하면 x^2+5x+6처럼 이차식이 된다.

$$(x+2)(x+3)=x^2+5x+6$$

일차식 × 일차식 = 이차식

등호의 방향을 뒤집어보라. 그러면 '이차식 = 일차식 × 일차식'이 된다. 등호는 넌지시 말하고 있다. 이차식을 일차식 두 개의 곱으로 변형할 수 있다고. 정말 그렇다면 이차식으로부터 일차식을 얻어낼 수도 있지 않겠는가! 희망이 희끄무레하게 보인다.

어쩌면 우리는 방정식을 단순하게 바라본다.
방정식이 과학의 초기 발전 단계에서 고안된
수학 기호로 쉽게 표현되었기 때문이다.
우리에게 우아한 서술로 보이는 것들은 실제로
다른 수준에 있는 자연법칙들의 상호연결성을 반영하고 있다.

Perhaps we see equations as simple
because they are easily expressed in terms of mathematical notation
already invented at an earlier stage of development of the science,
and thus what appears to us as elegance of description
really reflects the interconnectedness of Nature's laws at different levels.

—

물리학자, 머리 겔만(Murray Gell-Mann, 1929~2019)

이차방정식이 풀리려면?

방정식 $x^2+5x+6=0$이 있다. 우리는 $(x+2)(x+3)=x^2+5x+6$이라는 사실을 이미 알고 있다. 이 사실을 이용해 방정식을 다시 써보자.

$$x^2+5x+6=0 \longrightarrow (x+2)(x+3)=0$$

이차방정식이 일차방정식의 곱으로 바뀌었다. 곱하면 이차식이 되기는 하지만, 바뀐 식 자체에는 x^2이 보이지 않는다. 모두 일차식이다. 어떤 이차식은 이렇게 일차식의 곱으로 바뀐다! (일차식의 합은 의미가 없다. 일차식의 합 역시 일차식일 뿐, 이차식이 되지 않는다.)

이차식으로부터 일차식을 얻었다. 그러나 아직 해를 구한 것은 아니다. 해를 구하려면 이차식을 변형해 얻은 일차식의 곱을 다시 한 번 분석해야 한다.

$(x+2)(x+3)=0$에서 $(x+2)$와 $(x+3)$은 수다. 그 두 수를 곱해서 0이 된단다. 그러면 두 수 중 하나는 0이 되어야 한다. 그래

야 두 수의 곱은 0이 된다. 즉 $(x+2)=0$ 또는 $(x+3)=0$이 되어야 한다. 어라! 놀랄 일이 벌어졌다. $ax+b=0$ 꼴의 일차방정식 두 개가 튀어나왔다. 그리고 해까지! 이차방정식이 일차방정식으로 분해되면 그 방정식은 풀린다.

$$x^2+5x+6=0$$

$$(x+2)(x+3)=0$$

$$(x+2)=0 \text{ 또는 } (x+3)=0$$

$$x=-2 \text{ 또는 } x=-3$$

인수분해,
이차방정식을 일차방정식으로

어떤 이차방정식은 일차방정식의 곱으로 분해되었다. 그리고 일차방정식의 곱으로 분해된 이차방정식은 풀렸다. 어떤 이차방정식은 그렇게 풀린다. 그러면 남는 질문은 이것이다. 어떤 이차방정식도 일차방정식의 곱으로 분해할 수 있을까? 만약 그렇다면 어떤 이차방정식도 풀어낼 수 있다.

이차방정식을 일차방정식의 곱으로 바꾸는 비법이 이차방정식 해법의 핵심이다. 그 비법을 인수분해라고 한다. 인수란 $10=2\times5$의 2, 5와 같은 수다. 어떤 수를, 다른 수들의 곱으로 바꿨을 때의 그 다른 수들을 인수라고 부른다. 수식 역시 수이므로, 수식에 대해서도 성립한다.

인수분해

이차식 ———→ 일차식 × 일차식

인수분해가 바로 이차방정식을 일차식 두 개의 곱으로 고치는 기술이다. 그런 이유에서 인수분해는 방정식을 배울 때 중요하게 다뤄진다. 이차 이상의 방정식을 풀어낼 수 있기 때문이다.

인수분해를 하느냐 못하느냐는 이차방정식을 풀 수 있느냐 없느냐를 좌우한다. 그래서 갖가지의 인수분해 공식이 존재한다. 이 공식은, 식을 전개하는 곱셈공식의 역이다. 인수분해 공식의 기본은 아래와 같다. 이 공식으로부터 갖가지 특수한 인수분해 공식이 만들어진다. 주어진 식을 보고서 a, b, c, d를 찾아내면 된다. 상세한 요령은 따로 확인해주시라.

$$acx^2+(ad+bc)x+bd=(ax+b)(cx+d)$$

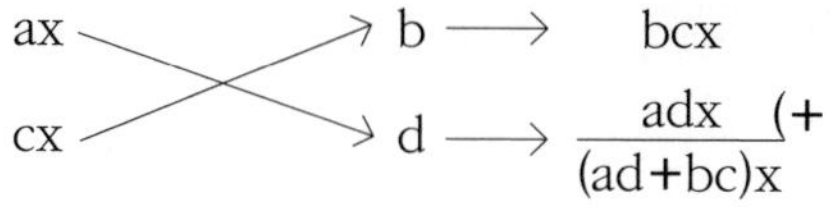

$$\begin{array}{lllll} ax & \nearrow\!\!\searrow & b & \longrightarrow & bcx \\ cx & & d & \longrightarrow & \underline{adx} \quad (+ \\ & & & & (ad+bc)x \end{array}$$

이론 화학은 특이한 과목이다.

그것은 결코 풀릴 수 없는 방정식에 토대를 두고 있다.

Theoretical chemistry is a peculiar subject.

It is based on an equation that can hardly ever be solved.

—

화학자, 패트릭 윌리엄 파울러(Patrick William Fowler, 1956~)

인수분해, 만능이 아니다

그런데 인수분해에는 큰 문제가 하나 있다. $0.2x^2-\frac{11}{13}x+6=0$, $x^2+x+8=0$을 인수분해해보라. 분수나 소수가 들어가면 인수분해가 더 복잡해진다. 그래도 그나마 풀릴 여지는 있다. 그러나 $x^2+x+8=0$처럼 무리수나 허수까지 포함하여 생각해야 한다면, 인수분해는 사실상 불가능해진다. 인수분해는 결코 만능이 아니다. 한계가 있다. 그 한계를 벗어난 방정식을 풀 수는 없다.

인수분해에 한계가 있는 만큼 수학은 어떤 이차식도 일차식의 곱으로 분해하는 방법을 찾아 나서게 됐다. 그 결과 등장한 것이 완전제곱식이었다.

완전제곱식, 이차방정식을 완전히 풀어낸다

완전제곱식은, 어떤 식의 제곱 꼴로 된 식이다. $(x-2)^2$이나 $2(2x+y)^2$처럼 말이다. 이차방정식에서 완전제곱식을 이용한 해법은, 이차방정식을 $(x-m)^2=n$ 형태로 바꾸는 것이다. m, n은 구체적인 수다. 그러면 일차식 두 개의 곱을 얻게 된다.

$$ax^2+bx+c=0 \longrightarrow (x-m)^2=n$$
$$(x-m)^2-n=0$$
$$(x-m)^2-(\sqrt{n})^2=0$$
$$(x-m+\sqrt{n})(x-m-\sqrt{n})=0$$
$$x-m+\sqrt{n}=0 \text{ 또는 } x-m-\sqrt{n}=0$$

완전제곱식이 좋은 건, 어떤 이차방정식도 완전제곱식으로 변형이 가능하다는 점이다. $ax^2+bx+c=0$은 완전제곱식이 된다. 구체적 과정은 교과서나 인터넷을 통해서 확인하자. 처음부터 끝까지 혼자서 유도할 수 있어야 한다. 문자가 많아서 복잡해 보일 것이다. 하지만 a, b, c는 기지수다. 실제 문제에서 그 수들은 문자가 아니기에 실제 식은 간단해진다.

$$ax^2+bx+c=0 \quad \rightarrow \quad (x+\frac{b}{2a})^2=\frac{(b^2-4ac)}{4a^2}$$

종합해보자. 어떤 이차방정식이 있다. 그 이차방정식은 완전제곱식이 된다. 완전제곱식이 되면 일차식 두 개의 곱으로 변형된다. 결국 일차방정식 두 개를 얻어, 두 개의 해를 얻게 된다.

$$\underset{\text{이차방정식}}{ax^2+bx+c=0} \quad \rightarrow \quad \underset{\text{완전제곱식}}{(x-m)^2=n} \quad \rightarrow$$

$$\underset{\text{일차식×일차식=0}}{(x-\alpha)(x-\beta)=0} \quad \rightarrow \quad \underset{\text{두 개의 해}}{x=\alpha \text{ 또는 } x=\beta}$$

이차방정식은 완전제곱식이라는 징검다리를 통해서 완전히 풀린다. 그 과정을 거치면 어떤 이차방정식도 풀 수 있는 공식이 나온다. 그게 '근의 공식'이다. 이 공식도 혼자서 유도할 수 있을 정도로 이해해버리자.

$$ax^2+bx+c=0 \quad \rightarrow \quad x=\frac{-b\pm\sqrt{b^2-4ac}}{2a}$$

이차방정식,
결국 일차방정식을 통해 풀린다

이차방정식은 일차방정식의 곱으로 변형해 풀어낸다. 이차방정식의 해법은 일차방정식 해법의 응용이다. 이차방정식을 일차방정식 두 개의 곱으로 변형하는 과정이 추가된 것뿐이다.

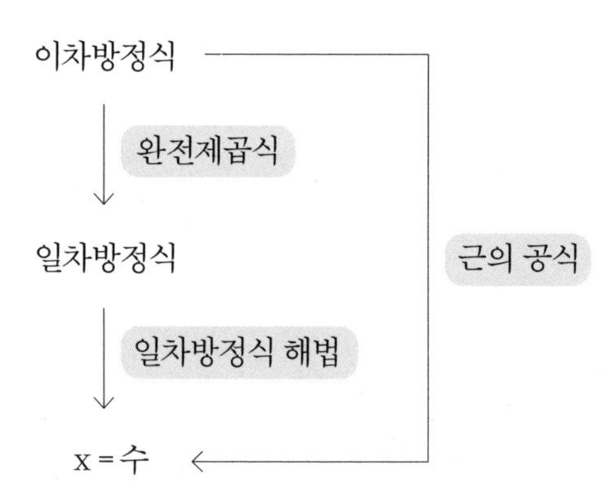

내 생각에 2056년이면

당신은 우주의 통일된 법칙을 기술하는

방정식들이 새겨진 티셔츠를 구입할 수 있을 것이다.

우리가 이제껏 발견해온 모든 법칙은

그 방정식들에서 유도될 것이다.

In 2056, I think you'll be able to buy T-shirts on which are printed

equations describing the unified laws of our universe.

All the laws we have discovered so far

will be derivable from these equations.

—

물리학자, 맥스 테그마크(Max Tegmark, 1967~)

16

복잡한 방정식,
역시 일차방정식으로
풀어낸다

이차방정식의 해법, 기막히지 않은가? 마술사의 손짓처럼 얄팍한 속임수 같기도 하다. 이런 식의 해법은 수학에서 흔하다. 넓이 문제를 풀 때도 사실상 공식은 하나밖에 없다. 직사각형의 넓이 구하는 공식! 나머지 도형의 넓이는 그 도형을 직사각형으로 변형하여 구한다. 그 변형이 다양하여 다양한 넓이 공식이 있는 것처럼 보인다. 실상은 직사각형의 넓이 공식 하나뿐이다. 복잡한 문제를 단순한 문제의 확장으로 접근하면 여러모로 좋다. 각각의 경우마다 별도의 해법을 고민하지 않아도 된다. 게다가 가장 단순한 문제의 해법은 아주 쉽다. 그 해법을 기반으로 했기에, 복잡한 문제에 대한 해법도 이해하기 쉽다. 관계를 이용한 마술이다.

삼차와 사차 방정식의 해법

삼차방정식에도 근의 공식과 같은 공식이 있을까? 수학자들은 당연히 궁금해했다. 삼차방정식의 해법은 16세기 이탈리아에서 제시되었다. 어떤 삼차방정식이든 풀어낼 수 있는 공식이 탄생했다. 내친김에 사차방정식까지 풀어내버렸다.

이탈리아에서 선보인 삼차방정식의 해법을 사례로 살짝 맛보자. 삼차방정식 $x^3+6x^2+18x+18=0$을 풀어야 한다. 그 해법은 여러 번의 치환을 통해 $x^3+6x^2+18x+18=0$을 결국은 $t^2-2t-8=0$으로 변형했다. 변형된 식은 이차방정식이므로 근의 공식을 이용하면 풀린다. 그리고 그 근을 이용해 원래 삼차방정식의 근을 구해낼 수 있다.

$x^3+6x^2+18x+18=0$ ① $x=X-2$로 치환하여 정리한다.

$\rightarrow X^3+6X-2=0$ ② $X=u+v$로 치환하여 정리한다.

$\rightarrow u^3+v^3=2,\ u^3v^3=-8$ ③ u^3, v^3을 두 근으로 하는 이차방정식을 세운다.

$\rightarrow t^2-2t-8=0$

사차방정식의 일반형은 $ax^4+bx^3+cx^2+dx+e=0$이다. 차수가 높아진 만큼 항도 많다. 그만큼 방정식을 풀어내는 과정이 더 복잡하다. 하지만 어떤 사차방정식도 풀어낼 수 있다. 길고 기나긴 해법을 적용하면 사차방정식의 일반형인 $ax^4+bx^3+cx^2+dx+e=0$은 $t^3+At^2+Bt+C=0$의 형태로 바뀐다. 삼차방정식이 된 것이다. 여기서부터는 삼차방정식의 해법을 따라 풀면 된다. 그 해법을 통해 t의 값을 구하고, 그 t의 값을 이용해 x의 값을 구한다.

고차방정식도 일차방정식으로!

삼차방정식이나 사차방정식은 결국 풀 수 있는 이차방정식으로 변형된다. 그 이차방정식의 근을 이용해 원래 방정식의 해를 구한다. 이차방정식이 일차방정식의 곱을 통해 풀린다는 점을 감안하면 결국 일차방정식의 해법을 응용해 풀어낸 셈이다. 적절하게 치환하면 고차방정식이 결국 일차방정식의 곱으로 변형된다. 그렇게 방정식은 풀린다.

동물과 식물의 삶에 관한 방정식은 너무 복잡한 문제여서

인간의 지능으로는 도저히 풀어낼 수 없다.

생물의 바다에 가장 작은 조약돌을 던질 때조차,

우리는 우리가 만들어낸 그 소란의 원이

자연의 조화 속에서 얼마나 넓게 퍼져나가는지 알지 못한다.

The equation of animal and vegetable life is

too complicated a problem for human intelligence to solve,

and we can never know how wide a circle of disturbance

we produce in the harmonies of nature

when we throw the smallest pebble into the ocean of organic life.

—

환경운동가, 조지 퍼킨스 마시(George Perkins Marsh, 1801~1882)

연립방정식도 일차방정식으로

햄버거와 감자튀김을 하나씩 사면 8000원이고, 햄버거 하나와 감자튀김 두 개를 사면 10000원이다. 햄버거와 감자튀김의 가격은 얼마인가?

햄버거 가격을 x, 감자튀김 가격을 y로 수식을 만들어보자.

$$x + y = 8000$$
$$x + 2y = 10000$$

문자가 두 개이고, 식이 두 개인 연립방정식이다. 이 방정식은 두 식을 연결해서 풀어야 한다. 하나의 식만으로는 답을 구할 수 없다. 이유는 간단하다. 문자가 하나인 일차방정식이 아니기 때문이다. 위 식에는 문자가 두 개다. 우리가 가진 유일한 무기인, 미지수가 하나인 일차방정식 해법의 적용 대상이 아니다.

방법은 두 가지다. 새로운 해법을 개발하거나, 우리가 잘 풀어낼 수 있는 유형으로 바꾸는 것. 여기서 우리는 후자를 택한다.

우리는 한 길만 판다.

문자가 두 개 이상 섞여 있는 방정식을, 문자가 하나인 방정식으로 바꾸라! 우리가 해결해야 할 문제다. 방법은 하나뿐이다. 무슨 수를 써서라도 문자 하나를 없애야 한다. 그건 그리 어렵지 않다. 두 식을 연결해서 문자 두 개를 하나로 바꾸면 된다.

$$\begin{aligned} x+y&=8000 \\ x+2y&=10000 \end{aligned} \quad x=8000-y \quad \longrightarrow \quad \begin{aligned} x+2y&=10000 \\ (8000-y)+2y&=10000 \\ 8000-y+2y&=10000 \\ y&=2000 \end{aligned}$$

연립방정식의 해법 역시 일차방정식의 해법에 의존한다. 해법을 적용할 수 있도록 미지수를 줄이는 기술이 연립방정식 해법의 핵심이다. 미지수를 하나로 줄이면 그 식이 고차방정식이더라도 풀어낼 수 있다. 미지수를 하나로 줄이려면, 문자의 수만큼 식이 있어야 한다. 문자가 두 개라면 식이 두 개, n개라면 식도 n개 있어야 한다.

복잡한 방정식은 단순한 방정식으로

일차방정식 해법은 형태가 복잡한 방정식에도 적용된다. 이때 유용한 방법이 치환이다. 치환을 잘하면 복잡한 방정식이 단순하게 변형된다. 우리가 잘 풀어낼 수 있는 꼴로 바뀐다. 그러면 방정식을 풀기가 훨씬 수월해진다.

복잡한 방정식		단순한 방정식
$x^4-2x^2+3=0$	→ $x^2=t$로 치환	→ $t^2-2t+3=0$
$x^2+\frac{1}{x^2}+2x+\frac{2}{x}+2=0$	→ $(x+\frac{1}{x})=t$로 치환	→ $t^2+2t=0$
$\sin^2x+3\sin x-10=0$	→ $\sin x=t$로 치환	→ $t^2+3t-10=0$

처음 문제는 모두 미지수가 하나인 이차방정식이 아니다. 4차식이 있고, $\frac{1}{x}$처럼 낯선 식이 있고, $\sin x$처럼 어려운 식이 있다. 하지만 치환을 하고 나니 모두 t에 관한 이차방정식으로 변형되었다. 우리는 t의 값을 자신 있게 구할 수 있다. 그렇다면 x값도 알 수 있다. 만약 t의 값이 1이었다고 해보자. 그러면 $x^2=1$, $(x+\frac{1}{x})=1$,

$\sin x = 1$이 된다. 이 치환식을 풀면 x의 값, 즉 해를 구하게 된다.

복잡한 방정식은 치환을 통해 단순한 형태의 방정식으로 바꾼다. 단순하게 변형된 그 방정식을 푼 다음 치환의 관계를 이용해 원래 문제의 해를 구한다.

나는 사람들이 그들 스스로가 할 수 없다고

생각하는 일들을 하게끔 격려하는 삶을 산다.

나의 목표는 (인생의) 방정식에서 '못해'라는 낱말을

완전히 제거해버리는 것이다.

I live for inspiring people to do things they think they can't.

My goal is to completely eliminate the word 'can't' from the equation.

—

프로레슬링 선수, 다이아몬드 댈러스 페이지(Diamond Dallas Page, 1956~)

다양한 방정식,
단순한 해법

방정식의 형태는 다양하다. 하지만 해법은 그만큼 다양하지 않다. 결국 일차방정식이 해법이었다. 쉽고 단순한 것만 확실히 알아도 복잡하고 어려운 문제를 거뜬히 해결할 수 있다. 화려한 덩크슛도 결국 탄탄한 기본기의 조합으로부터 터져나온다.

4부

방정식,
어디에 써먹나?

17

특별한 순간을 꿈꾸고 계획하는 모든 곳에

거의 모든 현대인은 일상적으로 방정식을 써먹고 있다. 수식이 아니어서 그것이 방정식인지 모를 뿐이다. 방정식의 아이디어를 이해하고 나면, 우리 주변은 방정식으로 가득하다. 정말? 정말!

방정식의 다른 모습들

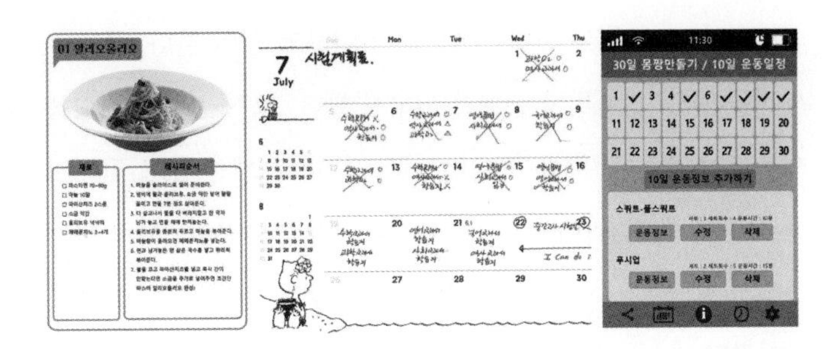

방정식의 다른 모습들이다. 파스타 레시피, 시험계획표, 30일 몸짱만들기 프로젝트, 시험계획표가 방정식이라고? 그렇다. '사랑해'를 'I love you', 'ਮੈਂ ਤੁਹਾਨੂੰ ਪਿਆਰ ਕਰਦਾ ਹਾਂ', 'Je t'aime', '愛し' 라고 달리 말하는 것과 같다.

레시피나 계획표는 목적을 달성하기 위해 만든다. 맛있는 음식, 좋은 성적, 섹시한 몸매를 얻기 위해서다. 좋은 레시피일수록, 적절한 계획표일수록 효과가 좋다. 따라 하면 맛깔난 파스타를 만들어내고, 시험을 잘 보고, 몸짱이 될 수 있다. 모두 특별한 순간, 특별한 사건, 특별한 존재가 되어보려는 염원을 담았다. 무엇을 어떻게 하면 되는지를 담았으니, 방정식이다.

꿈을 이뤄가는 모든 계획이 방정식이다

우리는 때때로 특별한 순간을 맞이하고 싶어 한다. 특별한 사건을 일으켜, 특별한 존재가 되고자 한다. 그러기 위해 계획을 세우고, 일정을 잡아 공부한다. 사람을 만나고, 빵을 굽고, 달리기를 꾸준히 한다. 미래를 현실화해간다. 그렇게 하면 된다고 생각하면서 방정식을 풀어가고 있다. 그만큼 우리는 방정식과 가까이 살아간다.

수식을 세워야만 방정식을 써먹는 게 아니다. 뭔가를 이뤄내기 위해 계획을 세우고 있다면, 방정식을 써먹고 있는 것이다. 그 계획이 곧 자신이 생각하는 방정식이다. 계획을 세우는 것은 방정식을 세우는 것의 다른 표현이다. 우리는 이미 방정식을 무던히도 많이 써먹고 있다. 보다 좋은 방법, 보다 효과적인 일정표를 찾고 있는가? 보다 정확한 방정식을 세우려고 하는 것이다.

SNL 프로그램 첫해에 나는 9만 달러를 벌었다.

그래서 나는 빨강 콜벳 자동차를 4만 5000달러에 구입했다.

아직도 4만 5000달러가 남아 있다고 생각하면서.

세금조차도 나의 방정식에는 포함되어 있지 않았다.

9만 달러를 벌었던 그해 마지막에

나는 2만 5000에서 3만 달러 정도 빚을 졌다.

My first year on 'SNL', I made $90,000 dollars.

And I bought a red Corvette for $45,000 dollars.

I'm thinking, 'I've got 45 grand left!'

Taxes didn't even come into my equation.

At the end of the first year of making 90 grand I was 25, 30 in the hole.

—

배우, 크리스 록(Chris Rock, 1965~)

18

문명이 있던 곳에, 방정식이 함께했다

방정식은 문명과 함께 등장할 수밖에 없었다. 오히려 방정식이 등장하며 문명이 등장한 것일지도 모른다. 문명을 유지하기 위해서는 일정한 흐름과 계획하에 사람과 자원을 모으고, 분배하고, 집중해야 했다. 원하는 상태를 그리면서, 계획하며 실행했다. 방정식을 세워 풀어갔다.

방정식은 고대문명의 시기부터 존재했다. 일차방정식은 물론이고, 이차와 삼차방정식까지도 다뤘다. 다만 고대인들은 지금과 같은 문자를 사용하지 않았다. 사물의 이름을 그대로 쓰거나 간단히 줄여서 사용했다. 길이, 넓이, 부피와 같은 낱말을 그대로 쓰기도 했다.

고대 이집트 문명의 방정식

고대 이집트부터 보자. 어느 파피루스에 있는 문제다. ( ) 안은 우리 식으로 바꿔본 것이다.

'아하와 아하의 1/7이 19일 때 아하를 구하라' ($x+\frac{1}{7}x=19$)

일차방정식 문제다. '아하'는 쌓아놓은 더미라는 뜻이다. 그들은 이 문제를 수치대입법으로 풀었다. 그러나 똑똑한 대입법을 썼다. x에 7을 대입하면 8이 된다는 사실을 이용했다. 7일 때 8이 된다면, 어떤 수를 대입해야 19가 되는지 따져봤다. 곱셈이나 비례를 이용한 셈이다. $x+\frac{2}{3}x+\frac{1}{2}x+\frac{1}{7}x=37$처럼 더 긴 문제도 다뤘다.

고대 중국 문명의 방정식

고대 중국에서도 일차방정식 문제가 등장한다. 『구장산술』의 〈방정〉 장에는 미지수가 두세 개는 물론이고, 미지수가 다섯 개인 문제도 있다. 미지수가 다섯 개에 해당하는 문제를 보라. 문제의 길이만 해도 상당하다.

> 지금 깨 9말, 보리 7말, 콩 3말, 팥 2말, 기장 5말의 값은 140전이고, 깨 7말, 보리 6말, 콩 4말, 팥 5말, 기장 3말의 값은 128전이고, 깨 3말, 보리 5말, 콩 7말, 팥 6말, 기장 4말의 값은 116전이고, 깨 2말, 보리 5말, 콩 3말, 팥 9말, 기장 4말의 값은 112전이고, 깨 1말, 보리 3말, 콩 2말, 팥 8말, 기장 5말의 값은 95전이다. 깨, 보리, 콩, 팥, 기장 1말의 값은 얼마인가?
> —『구장산술』, 173쪽

인생은 풀 수 없는 방정식이다. 앞으로도 그럴 것이다.

그러나 그 방정식에는

알려져 있는 삶의 특정 요인들이 포함되어 있다.

Life is and will ever remain an equation incapable of solution,

but it contains certain known factors.

—

발명가, 니콜라 테슬라(Nikola Tesla, 1856~1943)

고대 메소포타미아 문명의 방정식

고대인이라고 일차방정식처럼 간단한 문제만 다룬 것은 아니다. 이차방정식과 삼차방정식까지도 다뤘다. 고대 메소포타미아인들이 그랬다. 이차방정식 문제 하나를 보자. 당시에는 60진법으로 수를 표기했는데, 여기서는 편의상 아라비아 표기법으로 바꿔 적었다.

> 정사각형의 넓이에서 한 변의 길이를 빼고서 870이 될 때 그 정사각형의 변의 길이를 구하라. —『수학의 역사 상』, 54쪽.

정사각형의 변의 길이를 x라고 하면 $x^2-x=870$으로 표현된다. 이 문제는 $x^2-px=q$ 꼴에 해당한다. 그들은 이 유형의 문제를 일정한 해법에 따라 풀어냈다. 근의 공식으로 풀 경우의 해법과 같다.

그들은 삼차방정식도 다뤘다. 특히 $x^3+x^2=252$처럼 $ax^3+bx^2=c$ 형태의 삼차방정식을 잘 다뤘다. 이 유형의 문제를 위해 x^3+x^2의 값이 얼마인지를 알려주는 별도의 표를 갖고 있었다. 적절한 치환을 통해 ax^3+bx^2을 x^3+x^2 형태로 바꿨다. 그런 후 표를 이용해 그 해를 구했다.

메소포타미아인들은 방정식을 구조적으로 볼 줄도 알았다. 패턴을 보고, 패턴에 따라 문제를 푸는 절차를 발견했다. 기계적으로 문제를 풀 줄 알았다. 그들은 치환에도 능숙했다. $ax^2+bx=c$ 형태를 $ax=y$로 치환하여 그들이 능숙하게 다뤘던 $y^2+by=ac$ 형태로 바꿨다. $11x^2+7x=6.25$ 같은 문제를 $y^2+7y=68.75$ 같은 익숙한 꼴로 변형했다. 실력이 상당했다.

$$11x^2+7x=6.25$$ ① 양변에 11을 곱한다.

$$(11x)^2+7(11x)=68.75$$ ② 11x를 y로 치환한다.

$$y^2+7y=68.75$$

내 일의 많은 부분은 방정식과 노는 것이다.

그리고 그 방정식이 무엇을 알려주는지를 살펴보는 것이다.

A great deal of my work is just playing with equations

and seeing what they give.

—

물리학자, 폴 디랙(Paul A. M. Dirac, 1902~1984)

방정식을 활용해야 고대문명을 유지할 수 있었다

방정식이 있었다는 것은, 의도적이고 계획적인 움직임이 있었다는 것을 역으로 보여준다. 필요한 양의 곡물이나 재화를 걷으려면 얼마나 걷어야 하는지, 일정한 넓이나 조건을 만족하는 토지의 모양과 길이는 얼마로 해야 하는지, 일정한 규모의 건축물을 지으려면 어느 정도 크기의 자재가 몇 개나 필요한지를 궁금해하지 않았을까? 그 필요를 적극적으로 파악하고 해결하기 위해 방정식을 세웠다. 그럴 만한 사정은 충분했다.

넓이와 부피 문제는 고대에 중요했다. 땅의 넓이를 정확히 파악해야 세금을 공평하게 거둬들일 수 있었다. 필요한 양만큼의 세금을 거둬들이려면 땅의 넓이에 맞춰 세금을 할당해야 했다. 방정식을 세워야 했다. 이때 곡물이나 중요 물자의 부피를 정확히 파악하는 것은 필수적이었다. 길이, 넓이, 부피, 무게 등의 단위가 명확해야 했다. 도량형의 문제는 어디서나 국가 운영의 근본 문제였다. 그런데 넓이는 제곱, 부피는 세제곱이다. 그로부터 이차방정식과 삼차방정식이 자연스럽게 등장했다.

19

수학을 완결 짓고, 새로운 수학을 창조하고

방정식은 수학의 한 분야다. 하지만 수학의 거의 모든 분야는 방정식과 연결된다. 방정식 없이는 수학도 없다고 할 정도다. 방정식이 풀려야 수학이 풀릴 수 있었다. 방정식을 풀기 위해 수학은 새로운 수학을 만들어야 했다.

방정식이 풀려야 수학도 풀린다

방정식 문제는 방정식이 속해 있는 일개 분야의 문제가 아니다. 방정식은 수학의 한 분야이지만, 수학의 모든 분야와 관련되어 있다. 다른 분야의 문제라고 할지라도 풀어가다 보면 방정식과 마주치는 게 다반사다. 원래 문제를 풀어내려면 방정식을 풀어야만 한다. 그 사례를 두 개만 보자.

1) 세 변의 길이가 4cm, 5cm, 6cm인 삼각형의 넓이를 구하여라.

2) 다음 그림은 일차함수 y=ax+b의 그래프를 좌표평면 위에 그린 것이다. 일부분이 얼룩으로 지워져 보이지 않는다. 이 그래프의 기울기와 y절편 b를 구하라. (『중학교 수학2』, 교학사, 고호경 외, 2017년, 163쪽)

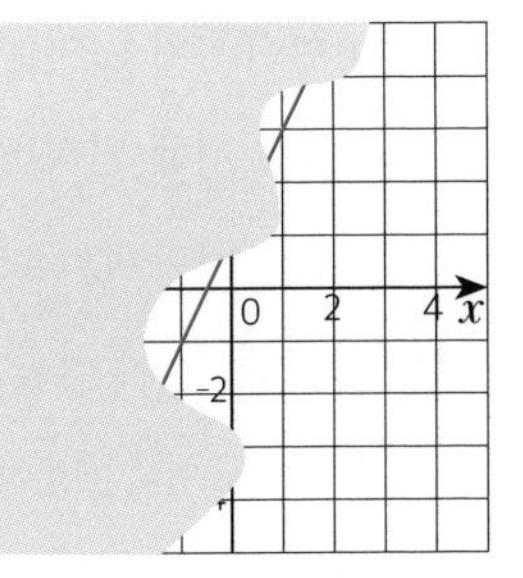

넓이 문제에서, 함수문제에서 방정식이 튀어나온다

1)번 문제를 보자. 도형의 넓이를 구하라는, 아주 간단한 문제다. 직각삼각형이라면 쉽게 풀 수 있는데 직각삼각형은 아니다. 직각삼각형이라면 $4^2+5^2=6^2$이 되어야 하는데 그렇지 않다. $4^2+5^2\neq6^2$. 다른 방법을 찾아보기 위해 그림을 그려보자.

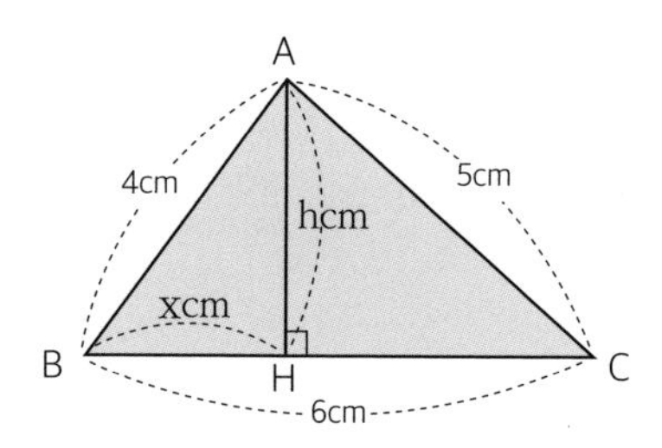

이 삼각형의 넓이를 구하려면 높이 h를 알아내야 한다. 높이 h를 구하기 위해 변의 일부분을 x라고 놓는다. h, x를 알아야 한다. 그 값을 알아내기 위해 $h^2=4^2-x^2$, $h^2=5^2-(6-x)^2$이라는 두 식을 얻어낸다. 이 식을 풀어내 h, x를 구한다. 이 문제는 미지수가 둘, 차수도 둘인 방정식이다. 이원이차연립방정식. 넓이 문제 도중에 방정식이 튀어나왔다.

2)번 문제는 함수와 관련된 문제다. 직선의 함수식을 구하라고 한다. 주어진 조건을 이용하면 기울기 a를 구할 수 있다. 점(-1, -1)과 점(1, 3)을 지나므로 기울기 a는 2이다. $\frac{3-(-1)}{1-(-1)}$. $y=2x+b$가 된다. 이 그래프가 점(1, 3)을 지난다. $x=1$, $y=3$을 대입한다. $3=2\times1+b=2+b$. 일차방정식이 튀어나왔다. b값을 구하려면 이 방정식을 풀어야 한다.

달러는 모든 분야의 엔지니어링 실무에서 발생하는
거의 모든 방정식의 최종적인 항목이다.
경우에 따라 비용이 무시되는 군사나
해상 엔지니어링에 관해서만 제한적으로 예외다.

The dollar is the final term in almost every equation
which arises in the practice of engineering in any or all of its branches,
except qualifiedly as to military and naval engineering,
where in some cases cost may be ignored.

—

기계공학자, 헨리 타운(Henry R. Towne, 1884~1924)

모든 길은 방정식으로 통한다

넓이를 구하는 도중에, 함수식을 구하는 도중에 방정식이 튀어나온다. 이처럼 많은 수학 문제가 방정식과 연결된다. 방정식 분야가 아닌 문제인데도 방정식이 튀어나온다. 거의 모든 수학 문제들은 방정식을 경유해간다. 확률을 구하다가도, 함숫값을 구하다가도, 이동속도를 구하다가도 방정식이 툭툭 튀어나온다. 수학에서 모든 길은 방정식으로 통한다.

수학 문제의 대부분은 특정한 상태나 조건을 다룬다. 인공위성이 무사히 귀환할 수 있는 타이밍을 구해내는 것처럼 말이다. 그래서 대부분의 수학 문제들은 방정식의 형태를 띨 수밖에 없다. 도형을 다루건, 함수를 하건, 미적분을 하건 방정식과 연결된다. 방정식을 잘 다뤄야 수학을 잘할 수 있다. 방정식 없이는 수학도 없다.

방정식의 해법을 찾아라

방정식이 중요한 만큼, 방정식의 해법을 찾아내는 것은 수학에서 매우 중요했다. 일차방정식은 고대문명에서도 수월하게 풀어냈다. 하지만 지금처럼 자유롭게 식을 조작하고 변형하는 방식은 아니었다. 수치대입법을 활용하거나, 매우 제한적으로 식을 변형해 풀었다. 고대인들은 또 해가 음수인 경우를 인정하지 않았다. 그들에게 수란 셀 수 있고 만질 수 있는 크기여야 했다. 반드시 0보다 커야 했다.

근의 공식에 해당하는 이차방정식의 해법은 7세기에 등장했다. 인도 수학자인 브라마굽타의 성과였다. 그는 $ax^2+bx=c$ 형태의 방정식에 대해 해법을 제시했다. 완전제곱식을 이용했다. 이 형태를 취한 것은 음수 때문이다. 좌변이나 우변이 음수가 되지 않도록 뺄셈을 포함시키지 않았다. 음수를 해에 포함시켜 생각한 것은 12세기경 인도 수학자인 바스카라였다.

9세기경 이슬람 수학자 알콰리즈미는 이차방정식의 완전한 해법을 제시했다. 그러나 그도 음수 해를 인정하지 않았다. 그는 방정식을 이항하며 조작하는 기술을 본격적으로 구사했다. 방정식이 속해 있는 분야인 대수학이라는 말도, 어떤 일을 진행해가는 기계적인 절차를 의미하는 알고리즘이라는 말도 그를 통해서 만들어졌다. 그가 쓴 책 제목이 변하여 대수학(algebra)이 되었고, 그의 이름이 변하여 알고리즘이 되었다. 방정식을 형태로만 보면서 이항하고 조작하는 기술을 본격적으로 구사했다.

삼차방정식과 사차방정식의 해법

이차방정식의 해법이 제시된 이후 관심사는 삼차방정식으로 향했다. 당연하고 자연스러운 수순이다. 이차방정식을 해결한 이슬람 수학자들은, 삼차방정식에 대한 기하학적인 해법을 제시했다. 삼차는 곧 부피로 생각할 수 있기에, 부피라는 개념을 통해 삼차방정식을 접근했다. 그러나 수식을 통한 해법은 깜깜무소식이었다. 시간이 더 차야 했다.

삼차방정식의 해법은 16세기 이탈리아에서 제시되었다. 타르탈리아, 카르다노, 페로, 페라리와 같은 수학자들의 재미나면서도 드라마틱한 이야기 속에서 그 해법은 등장했다. 타르탈리아는 특정한 형태의 삼차방정식 해법을 고안해냈다. 그 해법 위에 카르다노와 페라리가 삼차방정식의 다양한 유형에 맞는 해법을 제시했다. 더 나아가 사차방정식의 해법까지 정복해버렸다. 치환을 통해서 고차방정식을 해결 가능한 방정식으로 변형해 풀었다.

페라리는 원래 카르다노의 하인이었다. 카르다노를 도왔는데, 수학에 재능을 보였다. 카르다노는 그런 페라리를 발굴해 공동 연구를 했다. 실제로는 페라리가 많은 역할을 했다고 전해진다. 페라리는 결국 사차방정식까지 정복해버렸다.

니콜로 폰타나 타르탈리아
(Niccolo Tartaglia, 1499~1557)

지롤라모 카르다노
(Girolamo Cardano, 1501~1576)

로도비코 페라리
(Lodovico Ferrari, 1522~1565)

삼차와 사차 방정식 해법의 주역들이다.
은밀하게 발견하고, 남모르게 감추고,
회유하여 빼돌리고, 치열하게 비난하고 싸웠다.
방정식의 해법이 뭐라고! 그 와중에도 방정식은 발전해갔다.
그렇게 알아낸 해법은
카르다노의 책 『아르스 마그나』로 만천하에 공개되었다.
그 해법으로 수학은 더 많은 문제를
더 쉽게 해결할 수 있게 되었다.

오차방정식 이상의 해법

수학자들은 자연스럽게 오차방정식에 도전했다. 그때까지의 해법이 지닌 원리와 방법을 기반으로 했다. 그러나 오차방정식은 너무 복잡하고 어려웠다. 여러 단계의 치환과 복잡한 계산을 거치고도 해법은 제시되지 않았다. 시간은 그렇게 흘렀다. 16세기가 지나가고, 17세기와 18세기도 지나갔다.

19세기 초반에 아벨이라는 젊은 수학자가 등장한다. 그는 오차 이상의 방정식에는 이차방정식의 근의 공식과 같은 해법이 존재하지 않는다는 것을 증명했다. 1824년의 일이었다. 그 이전에 비슷한 증명을 제시했던 사람의 이름을 덧붙여 '아벨-루피니 정리'라고 한다. 어떤 방정식도 풀어낼 수 있는 해법은 사차방정식까지만 존재했다. 오차 이상의 방정식에서는 근의 공식과 같은 해법이 존재하지 않는다. 식에 따라 풀 수 있는지의 여부가 달라진다. 방정식 해법의 역사는 그렇게 종결되었다.

수학자들은 대수 방정식의 일반해를 찾는 데 아주 많이 골몰해왔다.

그중 몇몇은 그 일이 불가능하다는 것을 증명하려고 노력했다.

그러나 내가 잘못 알지 않았다면 그들은 아직까지 성공하지 못했다.

그래서 나는 수학자들이 이 보고서를

좋게 받아들여주기를 감히 희망한다.

이 보고서의 목적이 대수 방정식 이론에서의 그 간격을

메우려는 것이기 때문이다.

The mathematicians have been very much absorbed

with finding the general solution of algebraic equations,

and several of them have tried to prove the impossibility of it.

However, if I am not mistaken, they have not as yet succeeded.

I therefore dare hope that the mathematicians will receive this memoir

with good will, for its purpose is to fill this gap

in the theory of algebraic equations.

—

수학자, 닐스 헨리크 아벨(Niels Henrik Abel, 1802~1829)

새로운 수,
새로운 수학을 등장시키다

그런데 아벨과 비슷한 시기에 갈루아(Évariste Galois, 1811~1832)라는 수학자가 등장한다. 그는 오차방정식에 대해 전혀 다른 접근을 시도했다. 그는 이전의 수학자들처럼 근을 직접 구하려 하지 않았다. 대신 그는 방정식의 구조를 살폈다.

왜 사차방정식까지는 해법이 존재하고, 오차 이상의 방정식에는 해법이 존재하지 않을까? 갈루아는 이렇게 물었다. 그는 그 해답을 찾아내기 위해 방정식의 구조를 살폈다. 해들을 서로 바꿔보면서 해가 존재할 가능성을 탐구했다. 그 과정에서 군론이라는 최신의 수학이 등장했다. 군을 통해 오차 이상의 방정식이 사차방정식까지와 구조적으로 어떻게 다른지를 명료하게 설명했다.

갈루아 이후로 수학은 그 이전과 확 달라졌다. 보다 이론적이고 추상적으로 바뀌었다. 현대수학다운 모양새를 갖추게 되었다. 방정식은 수학을 이토록 풍성하게 했다.

방정식은 무엇보다도 새로운 수의 공장이었다. 음수, 무리수, 허수, 복소수가 모두 방정식의 영역에서 탄생했다. 그 수들은 모두 방정식을 통해서 또는 방정식을 풀어내기 위한 과정에서 만들어졌다. 그 수들은 모두 셈이나 측정을 통해서는 알 수 없다. 방정식이 아니고서는 탄생할 수 없는 수들이었다.

수학은 방정식이 만들어준 수들로 풍성해졌다. 눈으로 보는 세계만이 아니라 생각으로 볼 수 있는 세계까지도 수학으로 그려 볼 수 있게 되었다. 수학에 무한한 자유를 가져다준 셈이다. 수학은 방정식을 풀기 위해 새로운 수학을 만들어야 했다. 참으로 대단한 방정식이다.

20

절대반지를 갈망하는 그대에게

미지의 대상이나 순간은 방정식을 통해 세상 앞에 훤히 드러난다. 방정식만 알아낸다면 어떤 대상이나 순간도 부처님 손바닥 안에 있다. 이 얼마나 대단한 힘인가? 그런 힘을 사람들이 그저 내버려 둘 리 없다. 그런 힘을 지닌 방정식을 갈망하고 욕망하는 사람들이 잇따랐다. 세상을 낱낱이 파악해 완전히 다스리고자 했던 근대인들이 특히 그러했다.

뉴턴, 과학을 완성하다

1687년 영국에서 과학책 한 권이 세상에 선보인다. 당대뿐만 아니라 지금까지도 막강한 영향력을 행사하고 있다. 사회 전반에 혁명의 물결을 일으켰다. 뉴턴의『자연철학의 수학적 원리』가 바로 그 책이다. 줄여서『프린키피아』. 그 유명한 만유인력의 법칙이 등장한다. 질량을 가진 모든 물체(만, 萬)는 다른 물체를 끌어당기는 힘(인력, 引力)을 갖고 있다(유, 有) 하여, 만유인력이다. 뉴턴은 이 힘의 크기를 정확히 설명하는 법칙을 제시했다.

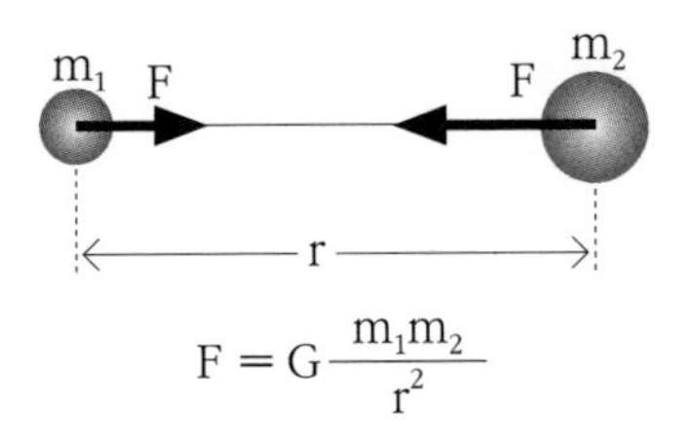

$$F = G\frac{m_1 m_2}{r^2}$$

물체 m_1과 물체 m_2 사이에 작용하는 만유인력의 법칙이다. 물체의 질량(m_1, m_2)과 거리(r)만 알면 둘 사이에 작용하는 힘의 크기(F)를 정확히 알 수 있다. 뉴턴은 이 힘의 크기를 (뉴턴 이전 시대처럼) 등호를 포함한 수식인 방정식으로 정확히 표현했다. 같은 크기의 힘이 m_1과 m_2에 동시에 작용한다.

만유인력의 법칙은 모든 물체에 대해서 성립한다. 질량이 있는 물체라면 예외가 없다. 떨어지는 사과도, 밀물과 썰물 현상도, 지구를 돌고 있는 달도, 수십 년 만에 돌아오는 혜성도 이 법칙을 통해 설명 가능하다. 하늘이나 땅에 존재하는 모든 물체의 운동은 이 방정식의 영향을 받게 된다.

뉴턴의 방정식, 세상을 하나로!

뉴턴의 만유인력의 방정식은 너무나 유명하다. 이 방정식이 그토록 유명한 이유는 이 방정식이 질량을 가진 '모든' 물체에 대해 성립한다는 것이다. '모든'에 방점이 찍혀 있다. 왜? 그 이전에는 물체라고 할지라도 세계가 완전히 구분되어 있었기 때문이다.

뉴턴 이전에 과학은 크게 두 개로 구분되어 있었다. 갈릴레이로 대표되는 지상에서의 과학과 케플러를 중심으로 한 천문학이었다. 속도, 가속도, 이동거리 등을 탐구하는 지상역학과 행성의 궤도와 주기를 탐구하는 천상역학이었다.

고대로부터 하늘과 땅은 각각을 구성하는 물질도, 각 세계를 지배하는 법칙도 다르다고 여겨졌다. 물체라고 해서 다 같은 게 아니었다. 하늘과 땅은 철저하게 구분되어 있었다. 적용되는 법칙마저도 달랐다. 그런데 뉴턴은 만유인력의 법칙을 통해 두 세계를 하나로 묶어버렸다. 사과가 떨어지는 것이나, 달이 지구를 도는 것이나 법칙은 똑같았다. 뉴턴을 통해 갈라져 있던 우주는 비로소 하나의 우주가 되었다. 물체의 일부에만 적용되던 법칙이 '모든' 물체를 포함하게 되었다.

신이 돼버린 방정식

만유인력의 법칙은 정확한 수식으로 표현되었다. 부등식이 아닌 등식이었다. 질량이나 거리만 정확히 안다면 그 힘의 크기를 가만히 앉아서 계산할 수 있다. 그 힘의 크기와 운동법칙을 활용하면 물체의 궤도나 속도도 계산할 수 있었다. 측정과 계산만 정확하다면 멀리 떨어져 있는 물체의 움직임을 알아내는 것도 가능했다. 현재의 일뿐만이 아니다. 과거의 일이나 미래의 일까지도 계산해낸다. 시간과 공간의 제약을 벗어나게 해준다.

만유인력의 법칙은, 절대반지와도 같았다. 그 법칙의 영향을 받지 않는 물체는 하나도 없었다. 그 법칙을 들이대면 모든 게 척척 계산 가능했다. 구석구석 알아낼 수 있었고, 속속들이 예측할 수 있었다. 방정식의 위력을 너무도 잘 보여줬다. 사람들은 뉴턴을 신처럼 받들었다.

아이작 뉴턴 (Isaac Newton, 1642~1727)

"우리 모두 그의 이름을 찬양하자.

아이작 뉴턴

그는 숨겨져 있던 진리의 보물을 발견하였다.

해의 신이 찬란한 광채를 던져서,

그의 마음을 통해 빛을 발한다.

누가 신에게 더 가까이 갈 수 있을까."

—

『프린키피아』 제1권, 아이작 뉴턴, 이무현 옮김, 교우사, 2001

제2의 뉴턴을 꿈꾸며

<

뉴턴과 뉴턴의 방정식을 본 사람들은 제2의 뉴턴이 되고자 했다. 제2의 만유인력의 법칙을 꿈꾸었다. 자신이 탐구하는 대상의 법칙을 간단명료하게 기술해주는 방정식을 만들어내고자 했다. 신의 메시지를 담은 방정식을 꿈꾸었다. 과학에서만이 아니었다. 이런 경향은 과학 이외의 영역으로 번져갔다. 그 결과 숱한 방정식이 등장했다.

맥스웰 방정식

>

전기와 자기에 관한 현상을 기술해주는 방정식이다. 과학자 맥스웰이 1861년경에 발표했다. 이 방정식은 전기와 자기의 발생, 전기장과 자기장, 전하 밀도와 전류 밀도의 형성 등을 나타내준다. 보통 4개로 제시된다. 미분형과 적분형이 있다. 이 방정식은 빛 역시도 전자기파의 하나라는 걸 말해준다.

미분형
$\nabla \cdot D = \rho$
$\nabla \cdot B = 0$
$\nabla \times E = -\frac{\partial B}{\partial t}$
$\nabla \times H = J + \frac{\partial D}{\partial t}$

양자역학,
슈뢰딩거의 파동 방정식

이 방정식은 양자역학과 관련된다. 일상적인 세계에서는 경험할 수 없는 미시세계에 해당하는 방정식이다. 전자를 파동으로 다뤄 전자의 상태를 나타낸다. 1925년에 슈뢰딩거가 발표했다. 양자역학의 형성에 중요한 역할을 했다. 그런데 이 방정식을 풀면 해는 여러 개가 나왔다. 이에 대해 각각이 전자의 상태를 나타내는 확률이라는 해석이 덧붙여졌다.

$$i\hbar \frac{\partial|\Psi\rangle}{\partial t} = \hat{H}|\Psi\rangle$$

철학,
데카르트의 코기토 방정식

데카르트는 뉴턴과 동시대 인물이면서 뉴턴에게 영향을 끼친 철학자다. 그는 중세 철학을 대신할 새로운 철학을 꿈꿨다. 모든 학문을 포괄하는 보편학으로서의 철학이어야 했다. 명석판명하고 보편타당해야 했다. 그런 철학의 출발점이 된 제1원리가 '생각한다. 고로 존재한다'였다. 이 말은 데카르트가 찾아낸 일종의 방정식이었다.

'생각한다. 고로 존재한다'는 방정식을 세운 데카르트는 이 방정식을 풀었다. 그래서 신과 우주, 인간을 설명해내는 방대한 철학을 건설했다. 이후의 철학자들도 데카르트와 같은 철학을 꿈꿨다. 역사와 사회의 발전 법칙을 모두 망라하는 완전한 철학이 목표였다. 상대적인 진리가 아니라 절대적인 진리를 제시하고자 했다. 뉴턴의 방정식 같은 방정식을 찾으려 했다.

필즈상 수상자로 유명한 수학자 세드릭 빌라니다.

그런 그도 비장한 표정의 동상 옆에 서서 예의를 갖추고 있다.

엔트로피로 우주의 절대적인 법칙을 제시한 볼츠만의 동상이다.

그 메시지를 함축한 방정식 S=k·log W가

그의 머리 위에 새겨져 있다.

신을 대신하여 내려다보고 있는 것 같다.

—

출처: conquermaths.com

방정식에 대한 집착이 사방팔방으로 퍼져가다

방정식에 대한 집착은 과학이나 수학뿐만이 아니었다. 수나 수식과 무관해 보이던 사회적 현상에서도 방정식을 뽑아내고자 했다. 방정식을 만들어내려면 숫자로 표현되어야 한다. 그래서 대상을 크기에 입각해 바라보는 관점이 퍼져나갔다. 질보다는 양에 주목했다. 각종의 현상에 관한 데이터를 모으고, 통계를 분석하는 기법도 발달했다. 방정식을 향한 집착은 사회를 보는 눈, 사회에 접근하는 방법마저 바꿔갔다. 그러자 예상치 못한 곳에서 방정식이 튀어나오기도 했다.

사회학,
도덕성 방정식

프랜시스 허치슨(Francis Hutcheson, 1694~1747)은 스코틀랜드 출신의 철학자였다. 이 시기는 이미 모든 현상을 수학적으로 표현하고자 하는 경향이 퍼져가고 있었다. 그는 인간의 도덕 감각을 수식으로 표현하고자 했다. "인간이 행하는 행위를 명제나 공리에 의거하여 판단하고자 할 때……, 모든 상황적 조건들을 고려하면서 어떤 행동의 도덕성을 계산할 수 있는 보편적인 잣대"를 마련한다면서 다음과 같은 수식을 제시했다.

$$B = (M \pm I) \div A$$

B는 어떤 행위자가 가진 이타심 또는 도덕이다. M은 행위자의 공익의 계기, 즉 그가 생산한 공익의 양이다. A는 그의 타고난 능력이다. I는 사익의 정도를 말한다.• 한 인간의 도덕을 수량화한다는 발상에 몸서리칠 사람도 많을 것이다. 그만큼 인간의 내면에 대해 관심을 가지고 알고자 했다.

• I. B. 코언 지음, 『세계를 삼킨 숫자 이야기』, 생각의나무, 2005, 83쪽.

생태학, 로지스틱 방정식

생물의 개체수 증가를 기술하기 위해 고안된 방정식이다. 이 방정식은 1838년 베르휠스트(Verhulst)가 고안해냈다. 그의 목적은 인구 증가를 설명하는 것이었다. 이후 개체군 생태학의 기본적인 수학모델로 자리 잡았다. 개체의 수가 N일 때 개체수가 얼마나 증가하는지의 비율을 나타낸다.

$$\frac{dN}{dt} = rN(\frac{K-N}{K})$$

군사학, 오시포프 방정식

군사학에서 등장한 방정식이다. 러시아의 오시포프(M. Osipov)가 1915년 만들었다. 아마도 제1차 세계대전 와중이었던 것 같다. 그는 전투에서의 피해 상황(a_1, a_2)과 전투 병력 수(A_1, A_2) 사이의 관계를 파악하고자 했다. 그 관계를 수량화해서 방정식으로 표현했다. 이 방정식은 개별적인 전투의 결과를 설명하기보다, 종합적으로 평균하여 얻은 일반적 경향을 말한다. 병력수에 따라 상대측에 끼친 피해 상황이 어느 정도인지를 나타낸다.

$$\frac{a_1}{a_2} = K(\frac{A_1}{A_2})^P$$

방정식이 신의 생각을 표현하지 않는다면,

방정식은 내게 아무런 의미가 없다.

An equation for me has no meaning unless it

expresses a thought of God.

—

수학자, 라마누잔(Srinivasa Ramanujan, 1887~1920)

5부

인공지능 시대의 방정식

21

인공지능,
수학도
잘하네

2016년 3월 인공지능은 우리의 일상에 순식간에 들어왔다. 세계 최고의 바둑기사 이세돌이 인공지능 알파고에게 패했다. 예상을 완전히 뒤엎은 인공지능의 승리에 사람들은 인공지능을 실감했다.
영화 속에서나 있을 법한 일이 현실로 훅 들어와버렸다.
이후로 인공지능의 발전은 숨 가쁘다. 인공지능 자율주행차, 인공지능 의사, 인공지능 스피커, 인공지능 경영인……. 이런 추세이다 보니, 인공지능이 사람의 지능을 뛰어넘을 특이점이 멀지 않았다고 내다보는 사람들도 있다.
수학 교육도 인공지능과 더불어 변화가 진행 중이다. 요즘에는 인공지능을 활용하여 개인에게 적합한 맞춤형 콘텐츠를 제공한다는 서비스가 속속 등장하고 있다. 데이터를 통해 알고 있는 개념은 반복하지 않고, 어떤 문제에 취약한지를 파악하여 그 부분을 보강해준다. AI수학 서비스를 제공하는 우리나라의 한 업체에는 회원이 51만 명(2020년 6월 기준)에 달했다는 뉴스도 들린다.

>

인공지능, 수학도 잘한다

컴퓨터의 주특기는 엄청난 연산 능력이다. 사람과는 비교할 수 없이 빠르고 정확하게 계산한다. 개인용 컴퓨터도 사람보다 더하기, 빼기, 곱하기, 나누기를 2조 배쯤 잘한다고 한다. 우리나라의 슈퍼컴퓨터 누리온 5호기의 연산속도는 25.7페타플롭스다. 초당 2경 5700조 번의 연산이 가능하다. 지구 전체 인구 70억 명이 420년 동안 할 계산을 1시간 안에 마칠 수 있는 수준이다. 현재 세계 최고 속도의 컴퓨터는 비공식적으로 중국의 컴퓨터 '슈광'이다. 초당 100경 번의 연산을 한다. 무지무지 빠르다.

인공지능은 단순 연산을 기반으로 한다. 얼핏 생각하면 단순 연산만으로는 어렵고 복잡한 수학을 해내기에 한계가 있을 것 같다. 덧셈이나 뺄셈을 잘한다고 해서 미적분을 잘하는 건 아니지 않은가!

연산만 잘하는 컴퓨터가 고도의 지능을 요구하는 수학도 잘할 수 있을까? 못할 것 같지만 웬만한 수학은 오히려 인공지능이 쉽게 접근할 수 있다. 논리적이기에 프로그램화하기 쉽다. 최초의 인공지능 프로그램으로 불리는 건 수학 프로그램이었다. 사람이 문제 푸는 걸 흉내내도록 정교하게 고안된 'Logic Theorist(논리 이론가)'라는 프로그램이었다. 1956년의 일이었다. 그 프로그램은 상당히 많은 정리를 증명해냈다고 한다. 컴퓨터도 수학을 할 수 있다.

인공지능이 그린 그림 〈에드먼드 드 벨라미(Edmond De Belamy)〉다.
크리스티 경매에서 43만 2500달러에 팔린 그림으로도 유명하다.
인공지능은 인간 고유의 영역으로 간주되던 예술의 세계에도
착착 진입하고 있다.
그런 능력의 밑바닥에는 수학의 언어가 있다.
그래서일까? 그림 하단에는 min, max, log 같은 기호가 포함된
알고리즘 코드가 서명으로 새겨져 있다.

인공지능,
증명도 척척!

수학은 컴퓨터나 인공지능과 이미 동행하고 있다. 컴퓨터를 활용하여 제시된 증명이 꽤 많다. 케플러의 추측이 유명하다. 공이나 포탄 같은 구체를 가장 효율적으로 쌓을 수 있는 배치를 묻는 문제다. 1611년에 케플러의 책을 통해서 제기되었다. 1998년에서야 토머스 헤일즈가 컴퓨터와의 협업을 통해서 증명했다. 하지만 이 증명은 99퍼센트 확실한 것으로 인정받았다. 컴퓨터의 개입 때문이었다. 토머스 헤일즈는 다시 도전해 2014년에야 100퍼센트 확실하다고 인정받은 증명을 제시했다. 그 과정에서 그는 Isabelle(이사벨)과 HOL Light(HOL 라이트) 같은 증명보조프로그램을 활용했다.

컴퓨터 또는 인공지능은 이제 증명의 세계에까지 손을 대고 있다. 누군가가 제시해놓은 증명이 적절한지 아닌지를 검증하는 수준은 기본이다. 여기서 멈추지 않는다. 더 나아가 인간이 발견하지 못한 새 증명을 제시하는 일까지 해낸다. 그런 발전을 발판삼아 소정의 돈만 내면 돈 낸 사람의 이름을 새긴 정리를 보내주는 서비스를 시행했던 사이트(theorymine.com)도 있다(2020년 6월

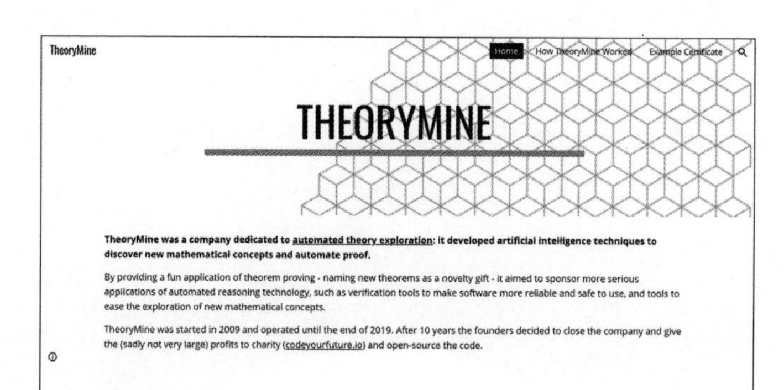

theorymine.com의 초기화면

현재 그 서비스는 중단 상태다). 이제 인공지능은 수학의 핵심 영역인 증명에까지 깊숙이 들어와 있다. 인공지능을 포함하는 수학의 생태계가 형성 중이다. 아예 컴퓨터가 이해할 수 있는 언어를 기반으로 수학을 다시금 구조화하는 작업이 진행되고 있을 정도다.

22

인공지능,
방정식 없이도
문제를 잘 풀어낸다

수학을 잘하는 인공지능, 방정식도 잘할까? 인공지능이 방정식을 얼마나 잘 다루는지 궁금하다. 방정식을 얼마나 잘 세우는지, 얼마나 잘 풀어내는지 살펴보자.

해법 있는 방정식을 순식간에 푼다

이제 인공지능과 방정식에 대해 생각해보자. 먼저 방정식을 푸는 일부터 보자. 방정식 풀기는 컴퓨터의 완벽한 승리다. 엄청난 연속 능력 덕분이다.

인공지능은 해법이 있는 방정식을 눈 깜짝할 사이에 풀어낸다. 해법만 프로그램화되면 정말 눈 깜짝할 시간에 답을 내놓는다. 사람은 도저히 상대가 안 된다. 울프럼 알파(www.wolframalpha.com)라는 계산용 검색엔진이 있다. 이곳에 들어가 방정식을 대입

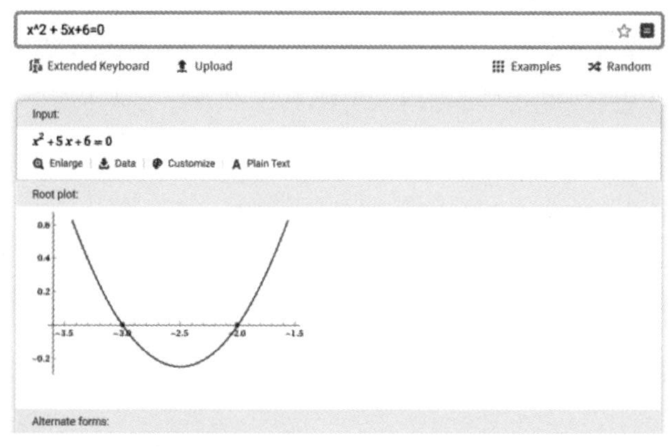

계산용 검색엔진 울프럼 알파

해보라. 인수분해도 해주고, 답도 구해주고, 그래프도 그려준다. 미분과 적분까지도 순식간에 척척 풀어버린다. 방정식을 언제까지 사람 손으로 풀어내야 할지 토론해볼 문제다.

방정식을 순식간에 풀어내는 컴퓨터의 능력은 빅데이터를 발판 삼아 더 막강한 위력을 발휘하고 있다. 빅데이터를 토대로 해서 방정식을 세우고, 그 방정식을 통해 복잡한 문제를 해결해 간다. 어느 지역 어느 시간대에 대중교통을 얼마나 배치할 것인지, 상품을 언제 어느 정도나 준비해둬야 하는지, 어떤 루트를 통해 상품을 모으고 배송하는 게 효율적인지를 결정한다. 사람이 풀어낼 수 있는 수준을 완전히 초월해버린다.

구글은 세계의 검색서비스를 완전히 장악하고 있는 IT 기업이다. 그들은 이용자에게 최고의 검색서비스를 제공하고자 알고리즘을 개발했다. 어느 페이지가 가장 적절한 콘텐츠인가를 여러 개의 변수와 방정식을 통해 파악한다. 그 결과를 통해 우선순위를 매겨 양질의 정보를 우선적으로 보여준다. 컴퓨터가 있기에, 웹페이지 간의 빅데이터가 있기에 가능한 일이다.

우리는 웹 전체를 커다란 방정식으로 전환하고 있다.
그 방정식에는 수억 개의 변수와 수십억 개의 항이 있다.
그 변수들은 모든 웹 페이지의 페이지 순위이고,
그 항들은 페이지 간의 링크들이다.
우리는 그 방정식을 풀어낼 수 있다.

Basically, we convert the entire Web into a big equation,
with several hundred million variables,
which are the page ranks of all the Web pages,
and billions of terms, which are the links.
And we're able to solve that equation.

—

구글의 창립자, 세르게이 브린(Sergey Brin, 1973~)

해법이 없어도 근삿값을 순식간에

해법이 존재하지 않는 방정식으로 넘어가면 사람과 컴퓨터의 차이는 더 확연해진다. 해법이 없는 방정식을 사람은 거의 풀지 못한다. 수치대입법을 통해 근삿값을 찾아보려 하더라도 계산에 가로막혀 좀처럼 해에 접근하기 어렵다. 반면에 컴퓨터는 정답에 가까운 근삿값을 잘도 찾아낸다. 막강한 연산 능력이 있어서다. 계산을 반복하다 보면 정교한 근삿값을 쉽게 얻어낸다.

근삿값을 찾아내는 방법 하나를 소개하겠다. f(x)=0이라는

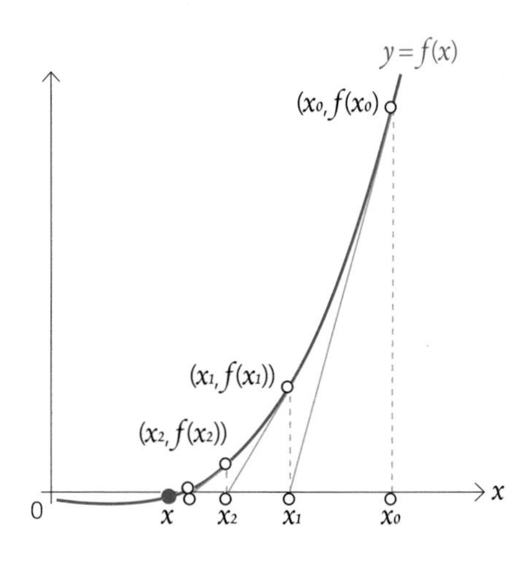

방정식을 푸는 것은, $y=f(x)$가 x축과 만나는 점 x를 구하는 것과 같다. 뉴턴-랜슨 방법은 해법이 없어 근삿값을 찾아내려 할 때 쓴다. 점(x_0, $f(x_0)$)에서 접선을 구한다. 그 접선과 x축과의 교점 x_1을 구한다. 점(x_1, $f(x_1)$)에서의 접선을 또 구한다. 그 접선과 x축과의 교점 x_2를 구한다. 이 과정을 반복해 $f(x)=0$을 만족하는 x의 근삿값을 구한다.

방정식을 풀어내는 일에 있어서는 사람이 컴퓨터의 상대가 되지 못한다. 계산 속도와 정확성 면에서 컴퓨터를 따라갈 수 없다.

방정식 세우기가 만만치 않은 세상

방정식을 풀어내는 문제는 이제 인공지능이 확실한 우위에 있다. 그렇다면 방정식을 세우는 문제는 어떨까? 어떤 현상 또는 데이터를 보고서 방정식을 세우는 것 말이다. 이 문제는 아직 사람이 능력을 발휘할 여지가 있어 보인다. 방정식을 잘 세우는 인공지능은 아직 생소하다. (그런 프로그램이 있다면 꼭 알려주시라.)

이제껏 사람들은 방정식을 통해 문제를 해결해왔다. 아인슈타인처럼 똑똑한 사람들이 특히 그런 일을 잘했다. 현상에 대한 데이터를 물끄러미 바라보면서 그 현상의 인과관계를 꿰뚫는 방정식을 찾아냈다.

그런데 이제는 사람도 방정식을 세우는 게 만만치 않은 실정이다. 처리해야 할 데이터가 방대해지고, 사회가 복잡해져가고 있기 때문이다. 지금은 인터넷과 각종 기술의 발전으로 모든 게 얽히고설켜 있다. 현상을 완벽하게 이해한다는 것, 인과관계를 파악한다는 것이 어렵다. 한 사람이 모든 것을 아우를 수 있는 지식을 생산해내기가 불가능한 시대가 돼버렸다.

인공지능, 방정식 없이 방정식을 푼다

그런데 2010년대에 들어서 인공지능에서는 의미 있는 성과가 있었다. 사람이 규칙을 제시해주지 않더라도 규칙을 찾아내 문제를 해결하는 방법이 등장했다. 방정식 없이 시작해서, 방정식을 찾아내버리는 셈이다. 인공신경망을 통한 머신러닝이 그 방법이다.

머신러닝은 컴퓨터가 스스로 학습하도록 한다. 알아서 공부해 가장 좋은 해결책을 찾아내게끔 한다. 그러나 방정식을 만들어 풀어내는 건 아니다. 기존의 데이터를 분석해 가장 좋은 해결책일 것 같은 방안을 찾아낸다. 통계적인 해결책이다. 원리나 법칙, 이유가 있는 게 아니다. 유일무이한 답이라기보다 성공 확률이 제일 높아 보이는 답이다. 풍부한 경험을 통해 해결책을 제시하는 사람과 비슷하다. 그래서 머신러닝에는 일단 풍부한 데이터가 있어야 한다. 그리고 데이터를 분석해 해결책을 알아내는 적절한 알고리즘이 필요하다.

머신러닝을 기반으로 한 인공지능에는 방정식이 없다. 현상을 이해하여 수학적 모델을 세우는 게 아니다. 대신 통계가 있다.

이제껏 사람들이 문제를 해결할 때 주로 사용해왔던 방식과는 정반대다. 인과관계를 파악하지 않고, 성공 확률을 계산한다. 그러고도 개와 고양이를 잘도 구별하고, 각종 언어를 척척 번역하고, 사람의 음성을 제법 알아듣는다. 방정식이 없이 문제를 해결해간다. 문제를 해결하는 패러다임이 바뀌고 있다.

인공지능은 구글의 궁극적인 버전일 것이다.

웹에 있는 모든 것을 이해하는 궁극적인 검색엔진 말이다.

인공지능은 당신이 원하는 것을 정확히 이해하고,

그에 따라 올바른 것을 제공할 것이다.

지금은 어디에서도 그렇게 하지 못하고 있다.

그러나 우리는 점차로 그 수준에 접근해갈 수 있다.

그게 우리가 작업해가고 있는 것이다.

Artificial intelligence would be the ultimate version of Google.

The ultimate search engine that would understand everything on the web.

It would understand exactly what you wanted,

and it would give you the right thing.

We're nowhere near doing that now.

However, we can get incrementally closer to that,

and that is basically what we work on.

—

구글의 창업자, 래리 페이지(Larry Page, 1973~)

23

방정식과 인공지능, 제로섬인가 윈윈인가?

방정식과 인공지능은 접근 방법이 다르다. 방정식이 법칙을 기반으로 한다면, 인공지능은 데이터와 통계를 기반으로 한다. 그렇다면 둘 사이의 관계는 어떻게 형성되어갈까? 경쟁의 대상일까 아니면 상호보완의 파트너일까?

인공지능, 말썽을 일으키기도 한다

2015년 엔지니어 잭키 앨신(Jacky Alciné)이 자신의 흑인 친구 사진을 게시했다. 사진에 적절한 제목을 달아주는 구글의 서비스가 작동했다. 흑인 친구들 사진에 고릴라라는 제목을 달아버렸다. 인종차별 논란이 일었고, 구글은 사과했다. 그런 일이 일어나지 않도록 수정하겠다고 약속했다. 인공지능은 이런 끔찍한 말썽을 일으킬 수도 있다. 인공지능은 결코 신이 아니다. 신을 닮고자

(출처: BBC, 2015-07-01, https://www.bbc.com/news/technology-33347866)

하지만 실수를 할 수밖에 없는 사람과 같다.

인공지능의 단점은 또 있다. 그 단점 때문에 인공지능은 블랙박스라고도 불린다. 인공지능이 어떤 이유로 그런 결과를 산출해내는지를 알 수 없다는 이유에서다. 이세돌과의 두 번째 대국에서 알파고가 둔 37번째 수는 바둑전문가들을 경악케 했다. 프로그래머조차도 왜 그렇게 뒀는지를 이해하지 못했다. 인공지능을 활용하는 사람은 영문이나 이유도 모른 채 따를 수밖에 없다. 자유의지를 사람의 중요한 가치로 여겼던 세계관에서는 용납하기 어려운 사실이다. '사람이란 무엇인가?'에 대한 존재론적 고민을 해야 할 시점이다.

방정식은 방정식대로 찾아가자

인공지능이 아무리 뛰어난 기능을 발휘한다고 하더라도 사람은 인공지능을 이해할 수 없다. 인공지능 자체가 이유 없이 기능을 수행해내기 때문이다. 선택의 갈림길에서 이유를 필요로 하는 사람으로서는 답답하기 그지없다. 고로 방정식을 찾아내려는 욕망과 시도는 계속될 것이다. 정확한 방정식을 안다면 현상을 이해할뿐더러, 문제 해결도 훨씬 쉬워지니까!

방정식에도 인공지능과의 협업은 필수가 될 것이다. 방정식을 풀어서 해나 근삿값을 구하는 건 인공지능에게 맡기는 게 상책이다. 남는 건 방정식 찾아내기다. 인공지능은 우선 방정식을 검증해보는 데 유용할 것이다. 데이터를 통해 누군가가 추측해본 방정식이 얼마나 타당한지 계산해볼 수 있다.

인공지능은 사람이 생각지도 못한 방정식을 가져다줄 가능성도 있다. 이미 블랙박스였던 인공지능의 결정 과정을 알아볼 수 있게 하는 노력이 진행 중이다. 그 과정이 알려진다면 의외의 방정식을 맛볼 수도! 인공지능은 사람보다 규칙을 훨씬 잘 찾아내는 데다, 사람과는 다른 관점에서 접근할 수도 있으니 말이다.

인공지능과의 협업

2005년 프리스타일 체스시합이 열렸다. 최고의 체스선수도, 슈퍼컴퓨터도 참여했고 자유롭게 팀을 구성했다. 시합의 우승자는 그랜드마스터도, 슈퍼컴퓨터도 아니었다. 평범한 PC 3대를 동시에 조작하는 미국 아마추어 체스선수팀이었다. 사람과 컴퓨터의 협업이 최고의 성적을 냈다. 최고의 체스선수인 개리 카스파로프는 말한다. 인공지능을 두려워 말고 협업하라고![•]

의류 추천업체인 stitchfix.com도 사람과 인공지능의 협업 사례로 훌륭하다. 이 업체는 각 사람의 스타일에 맞는 옷을 추천해준다. 인공지능은 회원의 과거 데이터를 기록하고 분석한다. 그 분석을 토대로 회원이 좋아할 만한 스타일의 옷을 추천한다. 여기에 사람인 스타일리스트가 가세한다. 스타일리스트는 인공지능의 추천을 참고하되, 본인의 아이디어를 추가한다. 사람이 가지는 의외의 요소까지 가미한 서비스를 제공한다.

• 개리 카스파로프 테드(TED) 강연 영상 참고.
https://www.ted.com/talks/garry_kasparov_don_t_fear_intelligent_machines_work_with_them/transcript?1&language=ko

아버지의 계산기를 두드리며 다니던

어린 시절 이후로 나는 기술에 매료되었다.

그 당시 나는 방정식을 타이핑했다.

그 장치는 멋진 소리를 냈고, 나를 위한 답이 튀어나왔다.

나는 푹 빠져들었다.

I've been fascinated with technology

since I was a boy banging around on my father's adding machine.

Back then I'd type in an equation, the device made some cool noises,

and out came my answer. I was hooked.

—

델 CEO, 마이클 델(Michael Dell, 1965~)

방정식,
앞으로도 살아남을까?

방정식은 문제를 인과관계의 수식으로 치환한다. 그 수식을 풀어 명확한 답과 이유를 제시한다. 하지만 인공지능은 데이터와 통계를 활용한다. 답은 확률적이며 분명한 이유가 없다. 두 방법은 충돌한다. 방정식이 있는 방식과 방정식이 없는 방식. 패러다임의 충돌이라고까지 말한다. 방정식은 여기서 종료될까 아니면 새롭게 업데이트될까?

수천 년의 전통을 가진 방정식이라고 해서 미래가 자동적으로 보장되는 건 아니다. 사라지지 말라는 법은 없다. 필요 없다면 방정식이 사라지는 건 시간문제일 뿐이다. 방정식은 문제를 해결하기 위한 수단이었다. 더 탁월한 수단이 등장한다면 방정식의 미래는 불투명해진다. 인공지능은 방정식과 다른 수단이면서, 방정식으로 해결하지 못한 문제들을 많이 해결해가고 있다. 문제해결력이 변수다.

사람의 입장에서는 문제도 잘 해결하면서 이유까지 제공해주는 수단이 제일 좋을 것이다. 방정식을 포함하는 인공지능이 아마도 최고일 것이다. 척척 풀어주면서 현상의 이유까지도 설명해준다면 최고 아니겠는가! 그러나 인공지능이 지금의 한계를 넘어서지 못한다면, 방정식은 여전히 사람의 상상력과 호기심을 유혹할 것이다. 지적 호기심은 실용성과 무관하게 인류가 방정식을 포기할 수 없게 할 것이다.

나가는 글

주사위를 던지거나, 방정식을 세우거나

어떤 진로로 나아갈까? 무엇을 직업으로 택할까? 누구나 인생의 어느 시점들에 던지게 되는 질문입니다. 저도 참 그 고민을 많이 했습니다. 심지어 지금도 문득문득 생각하곤 합니다. 많은 이들이 진로를 선택할 때 어려움을 겪습니다. 그 이유로 많이 하는 말이 있습니다. 내가 정말 원하는 게 뭔지 잘 모르겠다고, 무엇이 나에게 가장 잘 어울리는지 모르겠다고. (당연히 모르죠!)

이런 말은 방정식에 입각한 사고방식 때문이라고 저는 생각합니다. 방정식은 인과관계를 따져 최적의 유일한 답을 찾아냅니다. 오류가 없는 완전한 답이죠. 나머지 답들은 아무리 근사치라고 하더라도 오답입니다. '가장 원하는 것', '가장 잘 맞는 것'은 방정식의 정답과 같습니다.

일상의 영역에서 방정식처럼 생각한다면 선택은 힘들어집니다. 모든 경우의 인과관계를 따져 비교한다는 게 어렵기 때문입니다. 회사에 취직할 경우, 개인 사업을 할 경우, 글을 쓸 경우 등등, 그 결과를 어떻게 알겠습니까? 신마저도 모르기에, 그렇게 물어봐도 대답이 없는 것입니다. 그런데도 방정식의 해 같은 선택만 바라보고 있다면 기회를 놓치기 십상입니다. 그런 사고방식에서 탈피해야 합니다.

그렇다면, 직업 선택의 문제를 인공지능의 방법으로 풀 수 있을까요? 역시나 풀지 못합니다. 데이터가 없거나 너무 적어 판단 불가입니다. 적성이나 능력 테스트 정도는 도움 받을 수 있겠죠.

직업 선택처럼 이러지도 저러지도 못하는 상황은 갈수록 늘어나고 있습니다. 선택장애라는 말의 빈도도 그만큼 늘어납니다. 그래도 우리는 선택을 해나가야 합니다. 선택하지 않으면 선택당하거나, 선택의 타이밍 자체를 놓쳐버리게 됩니다. 선택의 기회를 충분히 살리려면 자신만의 선택 방법을 구축해야 합니다.

선택의 방법이 꼭 일관될 필요는 없습니다. 상황에 따라, 사안에 따라, 조건에 따라 달리할 수 있다면 오히려 더 좋지 않을까요? 실제 우리는 상황마다 다양한 방식으로 선택합니다. 습관적으로 하거나, 따져보거나, 등 떠밀리거나, 다른 사람 따라서 하거나, 홧김에 최악의 수로 보이는 걸 선택하거나 말이죠.

방정식과 인공지능의 방법을 혼용해보면 어떨까요? 신중하되 선택의 마지노선에서는 홀가분하게 선택하는 겁니다. 신중하다는 건 최대한 방정식을 고려한다는 것입니다. 홀가분하게 선택한다는 건 데이터를 축적해간다는 것이고요. 정답이라는 강박관념을 버리면 홀가분해질 수 있습니다. 그렇게 데이터를 모으면서 방정식을 수정해가는 것입니다. 선택이란, 반복적이고 지속적인 과정이 됩니다.

선택의 기회를 충분히 만끽하는 게 중요합니다. 타이밍을 놓치지 않는 거죠. 그 기회는 다시 오지 않습니다. 이 세상에 대한 진짜 데이터를 얻을 수 있는 기회입니다. 놓쳐서는 안 됩니다.

나비의 날갯짓이 태풍을 몰고 올 수도 있는 세상입니다. 오늘의 선택이 어떤 세상을 가져다줄지 예측 불가입니다. 게다가 오늘의 선택은 내일의 보다 나은 선택을 가능하게 합니다. 그렇기에 끊임없이 사건을 일으키는 사람이 되어야 합니다. Become an event-maker! 주사위를 다시 던지거나, 방정식을 세우면서!

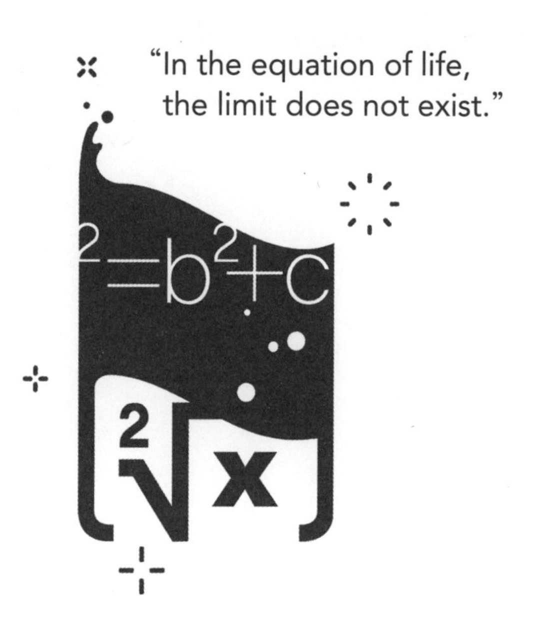
"In the equation of life,
the limit does not exist."

톡 쏘는 방정식

삶이 풀리는 수학 공부

초판 1쇄 2020년 7월 12일
초판 5쇄 2024년 9월 2일
지은이 수냐 | **편집기획** 북지육림 | **본문디자인** 운용 | **제작** 명지북프린팅
펴낸곳 지노 | **펴낸이** 도진호, 조소진 | **출판신고** 2018년 4월 4일
주소 경기도 고양시 일산서구 강선로 49, 916호
전화 070-4156-7770 | **팩스** 031-629-6577 | **이메일** jinopress@gmail.com

ISBN 979-11-90282-11-6 (03410)

- 잘못된 책은 구입한 곳에서 바꾸어드립니다.
- 책값은 뒤표지에 있습니다.